229가지 자연의 맛

# 선재 스님의 사찰음식

229가지 자연의 맛

# 선재 스님의 사찰음식

designhouse

'구수 사리불이 어느 날 열병이 나서 앓아 누웠다. 병문안을 온 목건련에게 사리불이 물었다. "목건련이여! 그대가 열병이 났을 때 무엇을 먹고 나았는가?" 목건련이 답하기를 "부처님께서 일러주신 대로 연의 줄기와 연의 뿌리를 먹고 나았네" 라고 하였다.' *대품 국역 대장경 논부 사약제편*

내가 사는 이포 다리 근처의 조그만 흙집에는 창이 큰 다실이 있다. 이곳에 앉아 붉게 물든 아름다운 가을 산을 바라보며 차를 마시고 있노라면 세상의 번잡함은 모두 잊힌다. 얼마 전에는 문득 온양 인취사 주지스님께서 말씀하신 연잎차가 떠올라 한걸음에 무안까지 달려가 백련의 잎을 따왔다. 이 잎을 잘 씻고 잘게 썰어 솥에 덖어 차를 만들었다. 창밖으로 붉게 물든 산수유 열매, 떨어지는 낙엽을 바라보며 연잎 향기 그윽한 차 한잔을 마시노라니 세상 어느 누구도 부럽지 않을 정도로 나는 행복하다. 그러나 이런 한가함도 잠시, 이른 아침부터 울려대는 전화벨 소리는 선다일여(禪茶一如)의 삼매를 즐기고 있는 나를 분주히 세상 밖으로 불러낸다.

"우리 남편이 백혈병인데 의사선생님이 말씀하시는 음식이 스님께서 텔레비전에서 강의하신 것과 같습니다. 어떻게 만드는지 좀 알려주세요."

"송이 보관은 어떻게 합니까? 현미 찹쌀 고추장은 어떻게 담그나요?"

"우리 아이가 너무 번잡스러운 게 아무래도 자폐증 같은데 무엇을 먹여야 되나요?"

"사찰음식에 관한 강의를 부탁해도 될까요?"

하루에도 수십 통씩 걸려오는 전화, 시도 때도 없이 찾아오는 손님들은 예불 시간마저 지킬 수 없게 만든다. 하루는 전화 상담을 마치고 법당에 기도하러 가려는 찰나, 웬 손님 몇 분이 허겁지겁 들이닥쳤다. 불교 TV의 〈푸른 맛 푸른 요리〉를 본 사람들로 고맙다는 인사를 하기 위해서였다. 사연을 들어본 즉, "된장하고 김치를 먹으면 공부 잘하고 훌륭한 사람이 된다는 방송 내용을 들은 손자가 안 먹던 된장과 김치를 먹기 시작했고, 남은 음식을 함부로 버리지 말라는 내용을 보고는 엄마가 무엇을 버릴 때마다 스님이 버리지 말라고 한 것을 깨우쳐준다"는 것이다. 비행기 시간 때문에 바삐 가야 한다는 말을 듣고는 법당 가는 시간도 미루고 차 한 잔을 대접해 보냈다.

불교를 배척하던 타종교인들이 이 좁은 보리사를 찾아와 강의를 요청하고, 인생 상담을 부탁하는 것도, 종교를 초월한 불교의 음식사상과 사찰음식에 대한 관심 때문이 아닌가 싶다.

이렇게 바삐 돌아가는 일상 속에서도 가끔 행자 시절을 떠올릴 때가 있다. 계를 받기 위해 필요한 서류를 가지러 집에 잠시 들렀을 때의 일이다. 내가 왔다는 말을 듣고 대문 앞에 나온 아버님은 "큰스님이 된다고 출가했으면 큰스님이 되어서 와야지 왜 왔느냐, 발도 들이지 말라" 며 집안으로 들어가버리셨다. 그때 내게 매서운 경책을 주셨던 아버님이 지금 살아 계셔서 이렇게 분주히 사는 나를 보신다면 뭐라고 하셨을까?

지난 1993년, 승가대학 졸업논문으로 〈사찰 음식문화 연구〉를 발표한 나지만, 그 후 한참 동안 그 일을 잊고 지냈다. 잊었다기보다는 회피했다는 말이 맞는지도 모르겠다. 그러다가 사찰음식에 다시 관심을 갖게 된 것은 오로지 나의 건강 때문이었다. 졸업 논문 준비 때문에 식사시간이 불규칙해지고, 새로 지은 신흥사 청소년수련원의 일로 무리를 한 끝에 결국 건강을 해친 것이다. 더욱이 간이 좋지 않은 집안의 내력이 겹쳐 건강은 돌이킬 수 없을 만큼 나빠졌다. 담당의사는 건강을 되찾으려면 자연식을 하라고 조언해주었으며, 그 자연식이 바로 사찰음식이었다. 결국 졸업논문이 위기에 빠진 나를 건져준 것이다. 이 논문을 통해 나는 부처님의 가르침에 근거한 사찰음식의 중요성과 전통적으로 내려오는 사찰음식의 유형을 나름대로 정리한 바 있다. 그러나 사찰음식의 중요성을 누구보다 잘 알고 있는 나 자신조차도 그 가르침을 잊고 살았던 것이다.

부처님께서 말씀하신 사찰음식은 크게 세 가지 방향으로 정리할 수 있다. 그 중 가장 중요한 요소는 '어떤 자세로 음식을 대할 것인가' 이다. 사찰음식은 식도락의 대상이나 식욕을 충족시키는 도구가 아니다. 인간의 육체를 유지하는 데 필요한 최소한의 영양분을 섭취하여, 최대한의 효과를 내도록 하는 것이 바로 사찰음식인 것이다. 부처님께서는 음식을 약으로 대하라고 하셨다. '음식은 약이다.' 이 말이 바로 음식을 대하는 바른 자세이다.

사찰음식과 일반음식은 만드는 방법에서도 차이가 난다. 사찰음식에 있어 조리는 맛을 내는 과정이 아니라 약을 만들기 위한 과정이다. 즉, 자연에서 나온 모든 산물에서 독은 제거하고 약 성분은 강화시킴으로써 음식을 약으로 만드는 것이다. 마지막으로 사찰음식은 먹는 방법을 중요시한

다. '때 아닌 때에 먹지 않고 필요한 때에 적절히 먹는 것'이 바로 음식을 약으로 먹는 자세인 것이다. 이러한 세 가지 섭생법을 지킴으로써 나는 잃었던 건강을 되찾을 수 있었다.

언젠가는 이런 나의 체험과 그 동안 연구된 지식들을 모아봐야겠다고 생각하던 차에 디자인하우스에서 출판 제의가 있었다. 그 동안 수십여 곳에서 출판 제의가 있었지만 거절해오던 차였다. 자칫하면 책을 보는 사람들이 사찰음식의 본질을 깨닫지 못한 채 단순히 조리 방법에만 매달리지 않을까 싶은 생각에서였다. 나 자신이 요리사가 아닌 수행하는 스님이기에 사찰음식을 일반적인 요리책과 똑같은 모양새로 출판하고 싶지는 않았던 것이다. 심사숙고 끝에 나는 다음의 두 가지를 조건으로 제시하고, 책을 내기로 했다.

첫째, 사계절 음식을 담을 수 있도록 제작 기간을 1년으로 할 것. 철마다 나오는 재료가 다를 뿐 아니라, 같은 음식이라도 계절에 따라 조리법이 달라지기 때문에 사계절 음식을 제대로 보여주기 위해서는 그 정도의 시간이 요구되었다. 그리고 지난 3월, 고추장 담그기로 시작한 촬영은 10월이 되어 김치를 담그는 것으로 끝이 났다.

둘째, 단순한 요리책이 아니라 사찰음식을 통해 부처님의 가르침을 전달할 수 있는 책을 만들 것을 요구했다. 이는 포교를 위함이 아니다. 부처님의 가르침을 모르고는 사찰음식에 대한 올바른 이해가 불가능하기 때문이었다.

나의 생각을 이해해준 편집팀 덕분에 충분치는 않지만 어느 정도 만족스런 책 한 권이 세상에 나올 수 있게 되었다. 이 책이 나오기까지 부처님의 한량없는 가피력이 계셨으며, 감수를 해주신 세경내과 김수경 원장님, 이미경 선생님을 비롯한 연구생 여러분들의 노고가 매우 컸다. 모든 분들에게 감사드리며, 이 인연공덕으로 모두 성불의 지혜를 이루기를 부처님 전에 축원드린다.

출가한 이후로 한 번도 말을 놓지 않으시고 무언의 격려를 해주신 속가의 어머니, 항상 '수고한다', '고맙다'는 말로 부족한 내가 더 잘할 수 있도록 격려를 아끼지 않으셨던 여러 큰스님들에게도 감사드린다. 그리고 오늘의 내가 있기까지 물심양면으로 지원해주시고, '힘들다' 할 때마다 '원력이 부족한 탓'이라며 채찍질해주신 은사 스님에게 진심으로 감사한 마음을 올린다.

보리사 다실에서 **선재 합장**

인류가 건강한 삶을 영위하기 위해 가장 필요한 생태학적 조건 중에는 음식, 물, 공기, 빛 등이 있다. 그 중 음식은 일상생활과 가장 긴밀한 관계를 맺으며 우리들의 건강에 직 · 간접적인 영향을 미치고 있다. 흔히 건강을 이야기할 때 육체적 건강만을 논하기 쉬우나, 육체와 정신 그리고 영혼은 하나의 유기적 통합체이며, 음식을 섭취한다는 것은 우리의 육체, 정신, 그리고 영혼 모두에 영향을 미치고 또한 이를 변화시킬 수 있는 인간의 가장 중요한 일상적 창조 행위이다. 현재 우리 인류, 특히 산업화가 진행 중이거나 또는 후기 산업사회에 살고 있는 사람들은 인스턴트 식품의 과다한 섭취, 그리고 영양적으로 불균형한 식사로 인해 많은 만성질환의 위험에 노출되어 있으며, 이런 상황에서 벗어나려면 식습관의 혁명적인 개혁이 필수적이다.

많은 음식물 중 특히 식물은 생명의 기원 이래 인간의 생존에 필요한 산소의 공급자로서뿐만 아니라 인간 세포와 유전자 그리고 장기들의 기능 및 건강과도 밀접한 관련을 맺어오고 있다. 선재 스님의 사찰음식은 식물을 기반으로 한 수천 년간의 경험이 축적된 음식으로 종교적 가르침을 뛰어넘는 과학적, 실증적 사실을 내포하고 있다. 때문에 현대인의 그릇된 음식문화를 교정, 보완해줄 수 있는 훌륭한 모델로서 한국인뿐만 아니라 향후 세계인의 건강에도 기여할 수 있을 것으로 확신한다.

이 책은 봄, 여름, 가을, 겨울의 4장으로 구성되어 있으며, 각 장마다 각 계절의 특성과 이에 따른 인체의 변화를 기술하고 이를 근거로 그 계절에 맞는 음식들을 소개하고 있다. 이런 구성을 따른 것은 계절의 변화는 단순히 기후의 변화뿐만 아니라 생태학적 환경의 총체적 변화를 의미하는 것이며, 이는 우리의 유전자 및 세포 속에 깊이 각인되어 인체의 계절적 생체리듬으로 표현되며, 이에 따른 적절한 음식물의 섭취는 건강 관리 및 증진에 필수적이기 때문이다.

본인의 우주관과 생명관 그리고 과학적 경험을 선재 스님과 함께 나누며 작업할 수 있었던 것은 큰 행운이었으며, 독자 여러분도 내가 느꼈던 기쁨을 공유할 수 있을 것이라고 확신한다.

한국 식물·인간·환경 학회 상임이사, 세경 통합의학연구소 소장, 세경내과 원장 김수경

최근 세계적으로 동양의 선(禪)이 주목을 받고 있다. 수행법인 참선뿐 아니라 의식주 전반에 걸쳐 선에 대한 관심이 높아지고 있는 것이다. 이는 물질중심의 서양문화에서 기인하는 몸과 마음의 병리 현상들을 치유할 대안문화를 찾기 위한 몸부림이기도 하다. 이와 함께 인간생활의 기본인 음식문화 측면에서도 서구의 식생활을 버리고 자연과 하나되는 불교적인 방식을 택하려는 움직임들이 일어나고 있다. 과도한 육식으로 성인병에 시달리며, 인스턴트 식품으로 인해 성격이 조급해졌을 뿐 아니라, 지구 한편에서는 기아에 시달리면서도 한편 어마어마한 양의 음식 쓰레기가 버려지는 작금의 세태가 '소욕지족(少欲知足)'의 불가의 생활법에 대한 관심을 불러일으키게 된 것이다. 정신활동의 고양을 위한 몸의 건강이 그 출발점인 사찰음식은 현대인의 병든 몸과 마음을 치료하는 데 큰 도움을 줄 수 있기 때문이다. 게다가 물 한 방울까지도 함부로 버리지 못하게 하는 발우 공양의 전통은 음식 쓰레기 문제 해결의 정신적인 지침이기도 하다. 자연으로의 회귀라는 이 시대의 화두를 해결하기 위해서 부처님 당시의 식생활 문화를 널리 알리고 이 시대에 맞게 정착시키는 일을 해주시는 선재 스님의 모습이 더없이 소중하게 여겨지는 것도 그 때문이다.

조계종 총무원장 정대

불교 TV가 개국할 때부터 선재 스님의 〈푸른 맛, 푸른 요리〉는 많은 이들의 관심을 불러일으켰다. 그리고 음식이 우리 삶의 질을 결정하는 데 얼마나 중요한 것인지를 많은 사람들에게 깨닫게 해주었다. 선재 스님이 이 책을 통해 말하고 싶어하는 것은 '무엇을 먹으라'는 직접적인 권유라기보다 '어떤 마음으로 음식을 대하고, 음식을 통해 어떻게 몸과 마음의 건강을 지킬 것인가'에 대한 지혜가 아닌가 싶다. 나는 이 책을 특히 언젠가 부모가 될 젊은이들에게 권하고 싶다. 우리 음식 고유의 깊은 맛을 모르고 서구의 식생활과 인스턴트 음식에 길들여져 얕은 맛에 만족하던 그들이 사찰음식을 접하고 그것에 익숙해진다면 훗날 올바른 감성과 심성을 지닌 2세를 탄생시키는 데도 큰 도움이 되리라 믿기 때문이다.

불교 TV(BTN) 회장 석성우

1976년이었던 것으로 기억된다. 일본 임제종의 종정에게서 책 한 권을 선물로 받았다. 정진요리(精進料理) 라는 제목의 이 책은 그 분이 직접 만들고, 드시던 선식들을 소개하고 있었다. 일본에는 가마쿠라 시대, 에도 시대의 선사가 자신의 건강법을 적은 기록들이 남아 있을 만큼 '정진요리(精進料理)'의 오랜 전통이 살아 있다는 말을 들은 적이 있다. 우리나라에도 예부터 송광사의 참깨 국수나 진주 대원사의 돌김치, 유점사의 잣죽 등 각 사찰 특유의 요리가 있었으나 구두로만 전해왔을 뿐 이를 기록한 책자는 없었다. 경전을 공부하다 보면 부처님께서는 '탐(貪), 진(瞋), 치(痴)'의 삼독에서 벗어나는 마음의 건강법을 알려주셨을 뿐 아니라, 무엇을 먹어야 하는지까지도 세세히 남기시어 몸의 건강까지도 소홀히 여기지 않으셨음을 깨닫게 된다. 선재 스님의 방송을 접할 때마다 단순히 몸에 좋은 음식이 아니라 그 속에 담겨 있는 부처님의 말씀을 함께 전하고 있음을 인상 깊게 보았다. 뒤늦은 감이 없지 않지만 그를 통해 우리나라 사찰음식의 오랜 역사가 빛을 보게 됨을 기쁘게 생각한다. 이 책을 통해 많은 이들이 부처님의 지혜를 배우고 익혀, 실천함으로써 몸과 마음의 건강을 얻을 수 있길 기원한다.

조계종 전국 비구니회 회장 광우

불교가 전래된 삼국시대 이래, 사찰음식은 우리나라 음식문화 전반에 걸쳐 크고 작은 영향을 미쳐왔으며 이제는 건강식으로 각광받고 있다. 예를 들어 김치와 장아찌, 장류의 경우 육식을 금지하는 불교의 계율로 인해 민가보다는 사찰에서 더욱 다양하게 발달해왔다. 차 마시는 풍습과 다과류도 마찬가지다. 불교의 중흥과 더불어 부처님께 차와 과정류를 공양하게 됨으로써 예로부터 사찰의 떡과 유밀과 만드는 솜씨는 유명했다. 또 사찰의 별미인 부각에는 육식을 하지 않고도 열량을 보충하는 지혜가 담겨져 있다. 사회가 변화하면서 절밥조차 점차 속가의 음식과 비슷해져 사찰의 전통음식이 없어지는 것을 안타깝게 여기던 차에 선재 스님이 가지고 계신 솜씨를 정리해 책으로 보여주신다니 반갑기 그지없다. 모쪼록 이번 출간을 계기로 사찰음식이 한국 전통음식의 굵은 가지의 하나로 뿌리내리기를 기원한다.

무형문화재 제32호 〈조선왕조 궁중음식〉 황혜성

연기자라는 직업 때문인지 많은 사람들이 일상생활마저 화려할 거라 짐작하지만 그렇지 않다. 집에서의 나는 아침마다 향을 피우고, 정갈한 한식을 즐기며 소박한 생활 속에서 마음의 평정을 유지하려 애쓴다. 하지만 간혹 큰 걱정거리가 생길 때면 발걸음은 어느새 절로 향한다. 부처님 앞에 절을 올리고, 스님의 말씀을 듣는 것도 위로가 되지만 정성 어린 절밥을 먹고 나면 머릿속이 밝아지면서 살아가는 힘을 얻게 된다. 모쪼록 많은 이들이 마음을 맑고, 향기롭게 해주는 사찰음식들을 해먹으면서 내가 경험한 위로와 힘을 얻었으면 좋겠다.

연기자 강부자

지난 여름, 보름달 아래서 스님이 차려주신 밥상을 받았다. 연근 밥에, 갖가지 나물과 장아찌, 마당에서 갓 뜯어온 쌈. 그 어떤 것도 깊고 그윽하며 세련된 맛이 아닌 것이 없었지만, 특히 마늘도 젓갈도 넣지 않은 김치의 맛은 신기할 뿐이었다. 그때 '절 음식은 맛이 문제가 아니라 정신의 집인 몸을 위한 요리'라고 하시던 스님의 말씀이 아직도 생생하다. 자연의 재료로 장을 담그고, 이로써 정신과 신체를 기르는 음식을 만드는 것. 다시 말해 자연의 힘과 인간의 정성이 어우러진 스님의 음식은 '요리의 원점'에 다름 아니라고 생각한다. 일본의 신문과 방송을 통해 한국의 음식문화를 소개할 때마다 스님의 말씀을 늘 떠올리곤 한다.

재일본 한국요리 연구가 채숙미

사람은 곡기를 끊으면 죽는다고 한다. 음식이 생명을 보전시킨다는 뜻이다. 하지만 음식을 먹는 일에는 그 이상의 의미가 있다. '먹는다'는 것은 사람을 행복하게 만드는 일이기 때문이다. 결국 몸에 좋은 재료들로 만들 것, 그리고 맛있을 것. 이 두 가지를 충족시키는 음식만이 인간의 영혼과 육체를 모두 만족시켜, 건강을 유지하고 행복한 삶을 만들어줄 수 있는 것이다. 선재스님의 음식을 대할 때마다 '이 음식이 바로 그런 음식이구나' 싶었다. 이 책을 보는 많은 이들이 선재 스님의 음식으로 건강과 충만한 행복을 함께 느낄 수 있길 바란다.

베네딕트 수도원 신부 서경윤

## 사찰음식이란 무엇인가

경전 「증일아함경」에는 이런 이야기가 있다. '일체의 제법은 식(食)으로 말미암아 존재하고, 식(食)이 아니면 존재하지 않는다.' 또한, 19세기 프랑스의 한 음식평론가는 이렇게 말했다. '당신이 무엇을 좋아하는지 안다면, 나는 당신의 성격, 취미, 생각, 습관 등을 읽을 수 있다.' 이 말들은 모두 한 인간에게 있어 음식이 얼마나 중요한지를 말하고 있다. 일찍이 절에서는 음식 만드는 일을 수행의 하나로 생각했다. 음식을 만드는 일에서 음식을 먹는 일까지, 도를 닦는 마음으로 행하도록 가르치고 배워왔다. 사찰음식은 선식(禪食), 즉 정신을 맑게 하는 음식이라는 말도 여기에서 비롯되었다.

나는 음식을 크게 세 가지로 분류할 수 있다고 생각해왔다. 첫째는 일반적인 음식, 둘째 채식과 자연식, 셋째 사찰음식 등이 그것이다. 일반적인 음식은 생명을 유지시켜주는 가장 기본적인 음식을 말하며, 채식과 자연식은 생명의 유지는 물론 건강을 더해주는 음식이라고 할 수 있다. 마지막으로 사찰음식은 일반적인 음식과 채식, 자연식의 기능을 해줌과 동시에 정신까지 건강하고 맑게 성장시키는 기능을 수행한다.

사찰 음식은 맛의 측면에서도 음식의 맛, 기쁨의 맛, 기의 맛 이 세 가지를 충족시켜준다. 음식의 맛이란 식품 그 자체가 주는 맛이고, 기쁨의 맛이란 음식으로 인해 마음이 기뻐지는 것으로서, 그 기쁨으로 음식이 좋은 약이 될 수도 있다. 마지막 기의 맛이란 바로 수행으로 얻을 수 있는 맛이다. 사찰음식은 이 세 가지, 즉 음식의 맛, 기쁨의 맛, 기의 맛을 모두 포함하고 있다. 기의 맛을 갖는 사찰음식은 정적인 음식이다. 정적인 음식을 먹으면 밖으로 표출되는 힘이 생기는 것이 아니라 내면이 충실해진다. 반대 개념인 동적인 음식은 불교에서 금하는 오신채, 육류, 어패류, 인스턴트 식품 등으로 먹으면 먹을수록 밖으로 뻗치는 힘이 강해 정서의 동요가 쉽고 성격이 과격해지며, 조급해지는 경향이 있다. 다시 말해 사찰에서 수행자들이 먹는 사찰 음식은 정적인 상태에서 마음을 닦기에 요한 기를 보충하는 음식이라고 할 수 있다. 그러므로 사찰음식은 단순한 먹을거리가 아니다. 또한 음식을 먹는 일은 식욕에 집착하여 맛을 즐기기 위함이 아니라 지혜를 얻는 데 필요한 수행과정의 하나인 것이다.

## 사찰음식은 이렇게 발달했다

사찰음식은 그 사회의 문화적 특성에 따라 다양하게 발전해왔다. 우리나라에서는 삼국시대 불교가 전래된 이후 살생을 금지하는 계율에 의거하여 채식 위주의 사찰음식이 많이 발달하였다. 고려시대 불교가 더욱 융성해지면서 식물성 식품을 맛있게 먹는 법을 연구하다보니 기름과 향신료 이용이 많아졌다. 육식을 절제하는 계율을 바탕으로 쌈 · 국 · 무침 등 채소 음식과 특히 채소 저장음식인 절임, 침채류(나박김치, 동치미 형태)가 개발될 수 있었다. 또한 밀가루나 쌀가루를 기름, 꿀, 술로 빚어 기름에 지지고 튀기는 유밀과가 유행했다. 이것은 불교의식 중에서 헌다의식(獻茶儀式)의 발달과 더불어 다과문화로 발달하였다.

조선시대 들어서 유교가 숭상되면서 불교의 차문화는 쇠퇴하였으나 여전히 식생활 문화는 불교의 것을 그대로 따르는 경향이 많았다. 일제 강점기 때의 일본 사람들은 우리 고유의 사찰음식을 연구하고 스님들이 드시는 약초인 산초와 재피 등을 이용하여 다양한 식품과 약품 등을 개발하기도 하였다.

그러나 서구화된 식품산업과 외식산업이 급격히 발달하면서 패스트 푸드나 인스턴트 식품이 각광을 받으며 우리나라 고유의 음식이라고 할 수 있는 사찰음식이 점차 설 자리를 잃어가고 있는 형편이다. 사찰에서도 음식의 재료가 달라지고, 공양주가 바뀌면서 전통적인 사찰음식을 유지하지 못하는 환경에 직면하고 있다.

## 사찰음식이 우리 음식문화에 끼친 영향

사찰음식이 우리나라의 전통 음식문화 형성에 기여한 점들은 다음과 같이 요약해볼 수 있다.

첫째, 채식문화의 발달과 산채류의 활용을 들 수 있다. 우리나라는 농경사회였기 때문에 농사를 짓는 가축을 귀하게 여겨서 자연히 육식을 절제하게 되었으며, 더불어 스님들은 앞장서서 채식문화를 주도했다. 산이나 들에서 나는 제철의 나물들을 국·무·쌈 등으로 먹고, 그대로 말리거나 소금물에 데쳐서 말린 다음 가루를 내어 쓰기도 했다. 대표적인 것으로 개미취·수리취·더덕·잔대순·다래순·당근·각종 버섯류 등을 들 수 있다.

둘째, 다양한 장류, 튀김류, 부각류 등이 개발되었다. 채소로 맛있는 음식을 만들기 위해 다양한 장류가 발달할 수 있었다. 대표적인 사례로 절메주라는 것이 생기면서 궁중에서는 절메주를 가지고 장을 담갔고, 육류 절제로 부족한 열량과 단백질을 채우기 위해서 다양한 튀김류와 부각류가 발달했다.

셋째, 저장음식이 발달할 수 있었다. 겨울을 나기 위하여 제철이 지났어도 필요한 영양소를 다양한 방법으로 공급할 수 있도록 저장음식이 개발되었다. 대표적인 저장식품으로는 김치, 된장·고추장·간장 등의 장류, 장아찌류 등이 있다. 특히 절에서 담가 먹었던 김치는 파, 마늘, 젓갈을 넣지 않고, 된장이나 간장으로 맛을 내는 등 속가의 김치와는 맛과 그 종류에서 큰 차이가 있다.

넷째, 다양한 약용식품을 섭생하는 방법이 강구되었다. 속가와는 달리 사찰음식에는 약용식품이 많다. 산초열매장아찌, 재피잎장아찌, 참죽장아찌, 자반, 씀바귀김치, 고수나물, 무청, 머위잎쌈, 머위피 볶음, 더덕구이, 버섯구이, 도라지나물, 고사리나물, 각종 쌈, 쑥튀김, 도토리묵, 춧잎·망초·두릅·다래순·엉개나물 등 다양한 산나물무침이나 전, 송차, 칡차, 마가목차, 녹차, 감잎차, 방아장떡 그외에 다시마, 질경이, 명아주, 비름나물, 소리쟁이, 얼레지, 양하, 신선 , 재피 등으로 만든 음식 등 그 종류가 매우 다양하다.

다섯째, 일반 조미료나 화학 조미료를 대체할 수 있는 천연 조미료가 개발될 수 있었다. 천연 조미료로 사용되었던 식품에는 버섯가루, 다시마가루, 재피가루, 다시마물, 버섯물, 재피잎, 방아잎, 들깨가루, 들깨국물, 날콩가루, 참죽순 말린 것 등 여러 가지가 있다.

## 경전에 나타난 불교의 식생활

경전 「사분율」에서 부처님께서는 일상의 식품 모두가 약이라며 다음과 같은 네 가지 식생활을 권하셨다.

**때에 맞는 음식을 먹어라** 부처님께서 권장하신 식생활은 아침은 죽식, 점심은 딱딱한 음식, 저녁은 과일즙 등이다. 아침에는 뇌가 활동하는 시간이기 때문에 가볍게 먹기 위해 죽식을 권장하셨다. 이는 소식(小食)을 강조하기 위함이기도 했다. 낮에는 딱딱한 음식(시약)을 권하셨는데 활동량이 많을 뿐 아니라 위장이 활발하게 활동하는 시간이기 때문이다. 그리고 '과식을 하거나 잠자기 두시간 전에 먹는 음식은 독약과 같다'며, 저녁에는 과일즙을 먹으라 하셨다. 이는 저녁 늦게 먹는 음식이 신장이나 간을 상하게 하기 때문일 뿐 아니라, 과일즙을 마심으로써 그 안의 섬유질이 아침에 먹는 죽과 낮에 먹은 딱딱한 음식의 배설을 돕도록 하기 위함이다.

**제철의 음식을 먹어라** 경전 「금광명최승왕경」 24제 병품에 보면 '중생들에게 네 가지 병이 있으니 봄에는 가래 심화병이 나고, 여름 동안에는 풍병, 가을에는 황열, 겨울이면 세 가지 병이 한꺼번에 나니, 봄에는 떫고 뜨겁고 매운 것을 먹고, 여름에는 미끈미끈하고 뜨겁고 짜고 신 것을 먹으며, 가을에는 차고 달고 미끈미끈한 것을, 겨울에는 시고 떫고 미끈미끈하고 단 것을 먹어라'는 대목이 있다. 이 내용에서도 알 수 있듯이 부처님께서는 건강을 위해서는 반드시 제철음식을 먹으라고 강조하셨다. 주식을 예로 들면 쌀은 여름의 뜨거운 햇볕 아래서 성숙된 열매이기 때문에 보리보다 많은 열량을 함유하고 있고, 그 질이 보리보다 끈끈하기 때문에 땀을 통한 체열의 발산을 막아주는 힘이 강하다. 그러므로 쌀밥은 추운 때에 알맞은 식품이다. 여름에는 식물이 그 영양분을 아직 뿌리에 저장하는 시기가 아니고 잎에 가지고 있으므로 상추, 시금치 등 잎채소를 부식으로 많이 먹어야 한다.

**골고루 섭생하라** 부처님 당시에는 모든 비구들이 탁발을 하도록 되어 있었다. 탁발은 무소유에서 비롯된 문화이기도 하지만, 이는 골고루 섭생하도록 하기 위한 부처님의 배려이기도 했다. 한 번에 반드시 일곱 집을 돌며 탁발을 하게 한 것은 일곱 집의 서로 다른 음식을 고루 먹으면서 편식을 없애고 그로 인해 건강을 유지시키라는 의미이며, 더불어 많은 대중들에게 복을 골고루 짓도록 하는 의미도 포함되어 있었다.

**과식은 금하고, 육식은 절제하라** 과식은 만병의 원인. 과식을 하면 배설이 더뎌져 음식의 독성이 체내에 그대로 남기 때문이다. 육식을 절제시킨 것도 같은 뜻이다. 육류는 채소보다 체내에 머무르는 시간이 길어 배설이 원활하지 않아 병을 부를 수 있다. 부득이하게 육식을 먹을 때에는 두 배의 야채와 함께 먹어야 한다고 말씀하셨다.

이외에 부처님께서는 육식과 오신채를 금하면서도 체질에 따라서는 허용하셨다. 또한 전체식이라고 하여 모든 식재료를 버리는 것 없이 다 먹으라고 하셨다. 채소는 뿌리에서 잎까지, 열매는 과육과 껍질까지 먹으며, 식재료를 걸러내고 남은 물까지 음식을 만드는 데 이용하라는 뜻이다. 마지막으로 사계절에 맞는 음식을 먹는 것도 중요하지만 체질에 맞는 음식을 섭취하기 위해서는 태어난 곳의 음식을 먹으라고 하심으로써 이미 삼천 년 전에 신토불이를 강조하셨다.

# 차례

*요리는 모두 4인분 기준입니다.

72 

**이 계절의 갈무리**



120 

**이 계절의 갈무리**

# 차례

## 170 겨울

## 선재 스님의 무공해 손맛



## 음식이 약이다



## 불가의 먹을거리 지혜

# 봄

*사계절은 태음력상의 24절기로 나누거나 또는 태양력을 기준으로 나눌 수 있다.
여기서는 독자들의 편의를 위해 태양력을 기준으로 분류했다.

**봄**(3월 21일~6월 20일)은 역동의 계절이다. 겨우내 축적된 에너지의 신진대사가 활발히 시작되는 시기이므로 탄수화물, 지방, 단백질, 미네랄, 비타민, 수분 등 모든 영양소의 균형 있는 공급이 필요하다. 우리 몸에서 신진대사의 주축 역할을 하는 기관은 바로 간. 봄철에 쉽게 느끼게 되는 피로감도 간의 기능과 밀접한 관계가 있다. 이럴 때 섭취해야 하는 음식이 바로 쑥, 씀바귀 등의 봄나물. 씁쓸한 맛이 간의 정상적인 활동을 도울 뿐 아니라 겨우내 부족했던 비타민을 공급해준다.

# 화전

**찹쌀가루 5컵, 단호박 1/8개, 포도 주스·비트즙·시금치즙 2큰술씩, 소금·유기농 설탕·꽃다지·포도씨유 약간씩**

**1** 찹쌀은 깨끗이 씻어 일어서 물에 12시간 정도 담갔다 건진 다음 소금 1큰술을 넣고 가루 내어 체에 내린다. 체에 내린 가루는 5등분한다.

**2** 단호박은 씨를 털고 김이 오른 찜통에 넣고 쪄서 속만 숟가락으로 파낸다. 비트는 강판에 갈아 거즈에 내려 즙만 내고, 시금치는 믹서에 물을 조금 넣고 간다.

**3** 5등분한 찹쌀가루에 각각 단호박 찐 것, 비트즙, 시금치즙, 포도 주스를 섞어 오래 반죽해 지름 5cm 크기로 동글납작하게 빚는다. 남은 찹쌀가루는 따뜻한 물에 익반죽해 같은 크기로 동글납작하게 빚는다.

**4** 팬이 달궈지면 기름을 살짝 두르고 한 번 닦는다. 무에 기름을 발라 팬을 닦아내기도 한다. 약한 불에서 화전 반죽을 얹어 지진다. 한쪽이 익으면 뒤집어 꽃다지를 얹어 익힌 후 다시 뒤집어 잠깐 지진다.

### 선재 스님의 무공해 손맛

진달래꽃으로 화전을 부칠 때는 독성이 있는 꽃술을 떼고 만듭니다. 센불에서 화전을 부치면 찹쌀이 딱딱해져 꽃이 잘 붙지 않으며, 처음부터 반죽에 꽃을 붙이면 꽃이 타서 예쁘지 않습니다. 그리고 지져낸 화전에는 설탕을 뿌려야 서로 붙지 않지요. 색색의 화전 반죽은 경단을 만들 때도 쓸 수 있으므로 한꺼번에 많이 만들어 냉동실에 보관해두고 써도 좋습니다.

# 오색 경단 화채

**찹쌀가루 5컵, 단호박 1/8개, 포도 주스·비트즙·시금치즙 2큰술씩, 녹말 약간, 화채 국물(배 2개, 생강즙·꿀 약간씩), 딸기 8개**

**1** 오색 찹쌀 반죽(화전 참조)을 만들어 경단을 빚어 녹말에 한 번 굴린 후 끓는 물에 소금을 넣고 삶는다. 떠오르면 건져 찬물에 헹군 다음 식힌다.

**2** 배는 강판에 갈아 즙을 내고 여기에 꿀과 생강즙을 섞어 화채 국물을 만든다. 반으로 자른 딸기를 그릇에 돌려 담고 색색의 경단을 얹은 후 화채 국물을 붓는다.

# 봄꽃 무생채

**무 400g, 비트 50g, 유기농 설탕 2큰술, 소금 ½큰술, 식초 2큰술, 냉이꽃·꽃다지·유채꽃 약간씩**

1 무는 곱게 채썬다. 비트는 강판에 갈아 면보에 내려 즙을 낸 후 채썬 무에 넣고 버무려 물들인다.

2 냉이꽃, 꽃다지, 유채꽃은 깨끗이 씻어 소쿠리에 건져 물기를 뺀다.

3 무에 어느 정도 물이 들면 유기농 설탕, 소금, 식초를 넣고 살살 무쳐서 접시에 담고 꽃을 얹어 낸다.

## 음식이 약이다 | 냉이꽃·꽃다지

냉이는 하나도 버릴 게 없는 식물. 연한 뿌리는 이른봄부터 캐어 겉절이, 국, 튀김 등으로 먹고, 4~5월이 되어 30~40cm 높이로 자라 줄기 끝에 흰 꽃을 피우면 꽃을 따서 샐러드나 화전의 장식으로 쓴다. 또 키가 큰 냉이 줄기를 말려서 연두색 가루를 내었다가 국수 반죽을 할 때나 소스를 만드는 데 넣기도 한다. 특히 눈이 나쁘거나 간이 좋지 않은 사람들은 냉이가루를 차로 끓여 먹으면 좋다. 특히 지방간 환자는 냉이를 뿌리째 뽑아 말렸다가 달여 마시면 도움이 된다.

꽃다지는 달래, 냉이와 함께 봄을 대표하는 먹을거리로 들판이나 길섶, 밭의 양지에 흔히 자라는 풀이다. 맵고 쓴맛이 나며, 찬 성질을 갖고 있는 꽃다지는 여린 풀은 잎이 피기 전 뿌리째 캐서 나물이나 국을 끓여 먹고, 씨는 말린 것을 볶아 가루를 내어 약으로 쓴다. 노란 꽃도 먹을 수 있는데 냉이꽃, 유채꽃과 함께 장식용으로 많이 쓴다.

## 냉이 겉절이

**냉이 200g, 양념장(집간장 1큰술, 고춧가루 1/2큰술, 유기농 설탕 1/3큰술, 물 2큰술, 통깨 2큰술, 식초 1큰술)**

냉이는 연한 것만 골라 깨끗이 손질한다. 식초를 제외한 재료를 섞어 유기농 설탕을 잘 녹인 후 마지막으로 식초를 넣어 양념장을 만든다. 냉이를 넣고 살살 버무린다.

## 냉이 애호박전

**냉이 300g, 애호박 1개, 밀가루 1/2컵, 홍고추 2개, 소금·포도씨유 약간씩, 초간장(집간장 2큰술, 식초 1작은술, 다진 청·홍 고추·통깨 약간씩)**

1 냉이는 깨끗이 씻어 송송 썬다.

2 애호박은 굵은 강판에 간다. 홍고추는 위아래를 자르고 반으로 갈라 씨를 털고 다시 반으로 자른다. 고추의 씨와 속은 버리지 말고 된장찌개 끓일 때 넣는다.

3 애호박 간 것에 밀가루, 냉이를 넣고 섞어 소금간해 반죽한다. 잘 달군 팬에 기름을 두르고 숟가락으로 반죽을 얹어 동그랗게 모양을 만들어 부친다. 전의 한쪽이 익으면 홍고추를 얹고 뒤집어 뒷면을 익힌다. 분량의 재료로 만든 초간장과 함께 낸다.

## 냉이 초무침

**냉이 200g, 소금 1작은술, 식초 1/2큰술**

곱게 다듬어 살짝 데친 냉이에 소금과 식초를 넣고 무친다. 보통 냉이는 초고추장에 무쳐 먹지만 소금과 식초만 넣어 무쳐도 산뜻한 맛을 즐길 수 있다.

### 선재 스님의 무공해 손맛

나물은 데치는 법에 따라 맛이 달라집니다. 끓는 물에 소금을 넣고 나물을 넣어 파랗게 색이 나면 얼른 찬물을 붓습니다. 건지는 동안 누렇게 변하는 걸 방지하기 위해서입니다. 건진 후에는 미리 받아놓은 찬물에 담가 헹구는데 너무 꼭 짜면 고유의 맛이 달아나므로 적당히 짜야 합니다. 그리고 먹기 직전에 양념에 버무리세요. 참, 여린 나물은 흐르는 물에 씻지 말고 받아놓은 물에 씻으세요. 그래야 나물이 멍들지 않습니다.

# 쑥설기

**쌀 3컵, 어린 쑥 3컵, 소금 약간**

1 깨끗이 다듬은 쑥은 끓는 물에 데쳐서 물기를 꼭 짠다. 쌀은 쑥과 같은 양으로 준비해 하루 정도 물에 담가둔다. 불린 쌀과 쑥을 섞어서 소금을 넣어 곱게 빻은 후 체에 한 번 내린다.

2 시루에 편평하게 쑥과 함께 빻은 쌀가루를 안친다. 시루를 올려 김이 새어나오지 않도록 시룻번을 붙인다. 시룻번은 쌀가루와 밀가루를 섞어 말랑하게 반죽해 만든다. 처음에는 마른 베보만 덮고 찌다가 떡이 내려앉으면 뚜껑을 덮어 20~30분간 찐다. 대꼬치로 찔러 보아 가루가 묻어나지 않으면 불을 끄고 뜸을 들인다. 중국 찜기를 이용할 때는 찜기 밑에 젖은 베보를 깔고 쑥을 넣고 빻은 쌀가루를 소복하게 올린 뒤 김이 오른 솥 위에 얹어 20분간 찐다. 불을 끄고 잠시 뜸을 들인 뒤 목판이나 도마에 쏟아 베보를 떼어내고 한김 식힌 다음 보기 좋게 썰어 그릇에 담는다.

# 쑥 시루떡

**쌀 3컵, 어린 쑥 3컵, 팥 2컵, 소금 약간**

1 깨끗이 다듬은 쑥은 끓는 물에 데쳐서 물기를 꼭 짠다. 쌀은 쑥과 같은 양으로 준비해 하루 정도 물에 담가둔다. 불린 쌀을 쑥과 섞어서 소금을 넣어 곱게 빻은 후 체에 한 번 내린다.

2 팥은 깨끗이 씻어 물을 붓고 우르르 끓인 후 물을 따라 버리고 새로 물을 부어 무르게 삶는다. 팥이 익은 후에도 물이 남아 있으면 남은 물을 따라내고 센불에서 남은 물을 날리듯이 볶아 팥알을 포슬포슬한 상태로 만든다. 그릇에 삶은 팥을 넣고 소금간해 찧는다.

3 찜통이나 시루 밑에 한지나 베보를 깔고 물을 뿌린 후 팥고물, 쑥을 섞은 쌀가루 순으로 켜켜이 안친다. 김이 오른 솥에 쌀가루를 안친 찜통을 올려 25분간 찐다. 대꼬치를 찔러 흰 가루가 묻어나지 않으면 찜통에서 떡을 꺼낸다. 시루에 찔 경우 김이 빠지지 않도록 밀가루로 시룻번을 붙여 떡을 찐다.

# 쑥개떡

**쑥 800g, 쌀 5컵, 포도씨유·참기름·소금 약간씩**

1 어린 쑥은 끓는 소금물에 데쳐 불린 쌀과 함께 소금 간해 빻는다. 쑥과 쌀의 양을 같게 하거나 쌀보다 쑥을 더 많이 넣어야 쑥의 향이 진하게 나면서 맛있다. 쑥가루에 물을 조금 부어 오래 치댄 다음 적당한 크기로 떼어 손으로 탁탁 치면서 납작하게 빚는다.

2 쟁반에 포도씨유를 골고루 바른 뒤 납작하게 빚은 쑥개떡을 서로 겹치지 않게 올린다. 김이 오른 찜통에 쟁반째 얹어 찐 후 참기름을 발라가며 접시에 담는다.

## 불가의 먹을거리 지혜

예로부터 불교에서는 사람이 먹는 음식은 세 가지 덕을 갖추어야 한다고 말합니다. 세 가지 덕이란 경연(硬軟), 즉 가볍고 부드러울 것. 정결(淨潔), 즉 깨끗할 것. 그리고 여법작(如法作), 즉 법답게 만들어질 것을 가리킵니다. 풀어 말하면 경연은 섬유질이 많아 단단한 음식물을 어떻게 입에 맞도록 부드럽게 조리할 것인가를 문제삼고 있습니다. 옛사람들은 단단한 음식이야말로 몸에 좋은 음식이라고 여겼기 때문이지요. 정결은 예나 지금이나 음식을 만들 때 필수적인 요소지요. 특히 많은 사람들이 모이는 절에서의 정결은 건강과 직결되는 항목입니다. 마지막으로 여법작이란 불법에 의거해 음식을 만드는 것을 말합니다. 예를 들어 육류나 어류를 쓰지 않고, 오신채를 넣지 않은 음식이라면 여법하다고 할 수 있겠지요.

# 쑥 칼국수

**밀가루 2컵, 쑥 50g, 애호박 1/2개, 다시마(20cm) 1장, 표고버섯 4장, 무 200g, 마른 참죽 줄기 50g, 마른 고추 1개, 집간장 약간, 양념장(집간장 2큰술, 청·홍 고추 1/2개씩, 통깨·참기름 약간씩)**

1 쑥은 믹서에 물과 소금을 조금씩 넣고 곱게 간다. 애호박은 채썬다. 국수의 양이 많을 때는 애호박을 굵게 채썰어야 무르지 않는다.

2 물기가 없는 넓은 그릇에 밀가루와 갈아놓은 쑥을 넣고 손으로 싹싹 비빈 후 밀가루에 물기가 골고루 퍼지면 뭉쳐서 되직하게 반죽한다. 끈기 있게 치댄 후 비닐에 싸서 냉장고에 30분 정도 넣어두었다가 다시 치대어 반죽이 매끄러워지면 밀대를 이용해 최대한 얇게 민다. 반죽을 여러 겹으로 겹쳐 칼로 채썰어 밀가루를 고루 뿌려 면발이 서로 붙지 않게 헤쳐놓는다.

3 냄비에 물을 붓고 다시마, 표고버섯, 무, 마른 참죽 줄기를 넣고 끓인다. 끓으면 건더기는 모두 건져내고 집간장으로 간한다.

4 다시 끓으면 국수를 넣는다. 젖은 국수의 경우 바로 저으면 국수가 끊어지므로 한 번 끓은 후 채썬 호박을 넣고 젓가락으로 젓는다.

5 양념장을 만들어 쑥 칼국수와 함께 상에 낸다.

## 선재 스님의 무공해 손맛

쑥은 제철일 때 한꺼번에 많이 삶아서 한 번에 먹을 양만큼 나눠 냉동실에 보관해 두면 좋습니다. 쑥개떡도 마찬가지. 한꺼번에 많이 쪄서 기름을 발라 켜켜이 쌓아 냉동실에 보관하여 두고두고 먹습니다. 쑥개떡을 두껍게 빚을 때는 콩이나 팥을 떡 위에 심어 쪄도 별미입니다. 쑥은 채소와 함께 즙을 내어 마시기도 하는데, 소화흡수를 돕고, 간의 활동을 도우며, 몸을 따뜻하게 하는 효과가 있으므로 특히 여자들에게 좋습니다. 쑥은 무기질과 비타민이 특히 풍부한데 그 중에서도 비타민A가 많이 들어 있어 하루에 80g만 먹으면 필요량을 충분히 섭취할 수 있습니다.

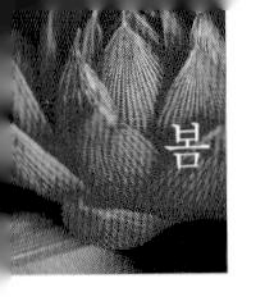
봄

# 쑥 콩죽

**메주콩 $\frac{1}{2}$컵, 쌀 $\frac{1}{4}$컵, 물 3컵, 쑥 50g, 소금 약간**

1 콩은 하루 전에 물을 넉넉하게 붓고 불린다. 쌀은 2시간 정도 불려두고, 쑥은 먹기 좋은 크기로 썬다.

2 콩에 찬물을 자작하게 붓고 삶아서 끓으면 바로 불을 끈 후 콩을 건져 찬물에 헹구고 콩 삶은 물은 따로 둔다. 삶은 콩은 찬물에 헹궈야 고소한 맛이 살아 있다. 삶은 콩은 손으로 비벼 껍질을 말끔히 벗겨 건진다. 믹서에 건진 콩과 콩 삶은 물을 붓고 곱게 간다.

3 쌀에 물 3컵을 붓고 끓인 후 쌀알이 퍼지면 콩물을 넣어 나무 주걱으로 저으면서 끓인다. 소금으로 간한 후 먹기 좋은 크기로 썬 쑥을 넣고 불을 바로 끈다.

# 쑥 겉절이

**쑥 200g, 배 $\frac{1}{2}$개, 양념장(집간장 1큰술, 고춧가루 $\frac{1}{2}$큰술, 유기농 설탕 $\frac{1}{3}$큰술, 식초 1큰술, 물 2큰술, 통깨 2큰술)**

1 쑥은 연한 것으로 골라 잘 씻는다. 배는 쑥의 쓴맛을 덜기 위해 넣는데 지름 5cm 크기로 반원형으로 썬다.

2 그릇에 쑥과 배, 양념장을 부어 고루 섞는다.

# 쑥 연근전

**쑥 300g, 연근(중간 크기) 1개, 칡녹말·소금·포도씨유 약간씩, 초고추장(고추장 2큰술, 유기농 설탕 1작은술, 식초 1작은술, 통깨 1큰술)**

1 쑥은 깨끗이 씻어 체에 건져 물기를 뺀 후 칼을 흔들면서 톱질하듯 살살 썬다. 그래야 풋내가 나지 않는다.

2 연근은 껍질을 벗겨 강판에 갈아 소금을 조금 넣는다. 연근의 단맛 때문에 짠맛이 두 배가 되므로 소금은 조금만 넣는다. 물이 생기면 칡녹말을 조금 넣는다.

3 쑥과 연근 간 것을 섞어 반죽해 손바닥 위에서 모양을 잡는다. 재빨리 만들어야 향을 살릴 수 있다.

4 중불에서 팬을 달군 후 기름을 살짝 두르고 전을 지진다. 오래 구우면 색이 변하므로 가능한 한 얇게 부쳐 초고추장과 함께 낸다.

### 선재 스님의 무공해 손맛

쑥 연근전은 연근의 단맛 때문에 쑥의 씁쓰름한 맛이 느껴지지 않아 아이들도 잘 먹는 음식입니다. 전을 부칠 때 기름을 많이 넣으면 쑥의 색이 나지 않으므로 바닥에만 묻을 정도로 조금만 둘러야 합니다. 연근 중에 녹말이 부족해 물이 생기는 것도 있는데 이때는 칡녹말을 조금 섞어 반죽합니다. 소화가 잘 안된다는 이유로 밀가루를 싫어하는 사람도 칡녹말은 좋아하거든요. 그렇다고 녹말을 많이 섞지는 마세요. 녹말을 많이 섞어 부친 전은 시간이 지날수록 딱딱해지거든요.

## 참죽 장아찌

**참죽순 1kg, 소금 약간, 물 $\frac{1}{2}$컵, 집간장 $1\frac{1}{2}$컵, 조청 3컵, 고추장 1컵, 고춧가루 1컵**

1 참죽순은 딱딱한 부분은 자르고 깨끗이 씻어 소금물에 절인다. 푹 절여지면 한 번 헹궈 꼭 짠 후 채반에 널어 응달에서 꾸덕꾸덕하게 말려 4cm 길이로 자른다.

2 냄비에 물, 집간장, 조청을 넣고 끓여 식으면 고추장, 고춧가루를 넣어 말린 참죽순에 넣고 버무린다. 잘 말린 항아리에 장아찌를 담고 응달에 보관한다.

## 참죽 겉절이

**참죽순 300g, 양념장(집간장 2큰술, 고춧가루 1큰술, 물·참기름·통깨 약간씩)**

연한 참죽순은 딱딱한 부분은 잘라내고 잘 씻어 알맞은 크기로 썬다. 분량의 재료를 섞어 양념장을 만든 후 참죽순을 넣고 손으로 살살 무친다.

### 선재 스님의 무공해 손맛

참죽순을 말리는 방법은 참죽순의 상태에 따라 달라집니다. 여린 참죽순은 소금물에 절인 후 건져 말려야 하며, 억셀 때는 김이 오른 찜통에 쪘다가 말려야 됩니다. 간혹 소금물에 절였다가 찜통에 쪄서 말리기도 하지요. 참죽순 장아찌를 만들 때는 한소끔 끓인 간장을 써야 하며, 항아리에 담기 전에 장아찌를 고루 무쳐서 넣어야 제 맛이 납니다. 항아리를 갈무리하는 것도 중요하지만 무치는 그릇과 주걱, 항아리 등에 물기가 없어야 장아찌의 맛이 변하지 않는다는 걸 명심하세요.

# 참죽 튀각

**참죽순 200g, 포도씨유·소금·통깨 적당량**

참죽순은 끓는 물에 살짝 데친 다음 그대로 말린다. 바짝 말린 참죽순을 필요할 때마다 기름에 튀겨서 소금과 통깨를 뿌린다. 참죽순은 데친 후 찹쌀풀을 발라 잘 말려두었다가 튀겨 부각으로도 먹는다.

# 참죽 장떡

**참죽순 200g, 밀가루 1컵, 물 1컵, 된장 ½큰술, 고추장 1큰술, 포도씨유 약간**

1 참죽순은 깨끗이 씻어 송송 썬다. 밀가루에 같은 양의 물을 붓고 잘 반죽한 후 된장, 고추장을 잘 섞는다. 송송 썬 참죽순을 반죽에 넣고 골고루 버무린다.

2 팬에 포도씨유를 두르고 숟가락으로 반죽을 떠 얇게 장떡을 부친 후 채반에 놓아 김을 뺀 후 접시에 낸다.

참죽

## 음식이 약이다 | 참죽

붉은 빛이 도는 참죽나무의 연한 새순은 봄의 별미로 겉절이로 무쳐 먹거나 장떡을 부친다. 딱딱한 줄기 부분은 따로 말리는데 국수나 떡국을 끓일 때 넣으면 아주 독특한 맛이 난다. 참죽나무와 생김새가 비슷한 것으로 가죽나무가 있다. 참죽은 산중의 스님들이 처음 먹기 시작했는데, 붉은 빛이 돌며 맛이 좋은 것이 참죽이며, 스님들이 진짜 드시는 나물이라는 뜻에서 참죽이라 이름했다고 한다. 이에 비해 가죽은 맛이 덜해 '가짜 중나물'이라는 뜻으로 가죽으로 불렸다.

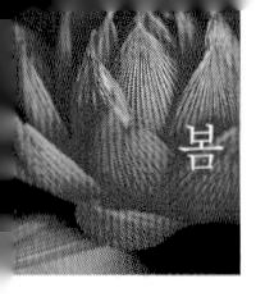

## 음식이 약이다 | 원추리

원추리는 '근심을 잊게 하는 풀'이라 하여 '망우초(忘憂草)'라고도 부른다. 이구화라는 사람이 쓴 「연수서(延壽書)」라는 책을 보면 '원추리의 어린 싹을 먹으면 홀연히 술에 취한 것 같이 마음이 황홀하게 된다. 그래서 이 풀을 망우초라 부른다'는 구절이 나온다. 즉 마음을 편안하게 하고 우울증을 치료하는 약초라는 말이다. 우리말로는 원추리를 '넘나물'이라고 하여 봄철에는 어린 싹을, 여름철에는 꽃을 따서 김치를 담가 먹거나 나물로 무쳐 먹는다. 원추리는 봄나물 중 유일하게 단 맛이 있어 어린이부터 노인까지 모두 좋아하는데 먹고 남은 나물은 국을 끓이거나 된장찌개에 넣으면 된다.

# 원추리 토장국

**원추리 200g, 된장 2큰술, 고추장 1큰술, 쌀뜨물 7컵, 다시마 (20cm) 1장**

1 원추리는 씻어 소쿠리에 건져 먹기 좋게 자른다.

2 쌀뜨물에 된장, 고추장을 풀고 다시마를 넣어 끓인다. 다시마는 건져내고 맛이 어우러지면 원추리를 넣고 좀 더 끓인다.

# 원추리 나물

**원추리 300g, 소금 약간, 양념장(된장 1큰술, 고추장 1큰술, 들기름 1작은술), 통깨 1작은술**

1 원추리는 깨끗이 다듬어 씻어 끓는 물에 소금을 약간 넣고 살짝 데친 후 찬물에 헹궈 물기를 짠다.

2 된장, 고추장을 고루 버무린 후 들기름을 넣어 기름이 골고루 배게 섞어 양념장을 만든다.

3 데친 원추리를 그릇에 살살 펴 담고 ②의 양념장을 넣어 골고루 무친다. 마지막으로 통깨를 뿌린다.

# 원추리 장아찌

**원추리 400g 물 1컵, 집간장 1컵, 다시마(20cm) 1장, 고춧가루 약간**

1 원추리는 깨끗이 다듬어 씻어 끓는 물에 소금 넣고 데친 후 찬물에 헹구지 말고 그대로 건져 하루 정도 채반에 널어 꾸덕꾸덕하게 말린다.

2 냄비에 물, 집간장, 다시마, 물을 넣고 끓인 후 식으면 원추리에 붓는다. 고춧가루를 넣고 무친다.

# 죽순 장아찌

**죽순 1kg, 쌀뜨물·된장 적당량, 물 1컵, 집간장 1컵 , 다시마(20cm) 1장, 조청 $1/2$컵**

1 죽순은 생으로 먹으면 독이 있으므로 쌀뜨물에 된장을 넣고 센불에서 20분 정도, 이어서 약한불에서 30~40분 정도 삶는다. 삶은 후에는 물에 씻지 않고 그대로 식히는데 찬물에 씻으면 영양소가 빠져나가고 질겨지기 때문이다. 식힌 후에 껍질을 벗겨내고 물에 30분 정도 담가놓으면 독성이 빠져나간다. 4월 중순부터 한 달 정도 나오는 맹종죽은 아린 맛이 강하기 때문에 꼭 물에 담갔다 써야 한다.

2 냄비에 분량의 집간장, 물, 조청, 다시마를 넣고 끓으면 죽순을 넣고 살짝 끓인 후 죽순만 건져 항아리에 담는다. 간장이 식으면 죽순 위에 붓는다. 간장에 죽순을 넣고 끓인 것을 그대로 보관하면 장아찌가 너무 짜다. 며칠 후 간장만 따라내서 다시 한번 끓인 후 죽순에 부어 보관한다.

## 음식이 약이다 | 죽순

죽순은 나오는 시기와 모양에 따라 맹종죽, 분죽, 왕죽의 세 가지로 나뉜다. 맹종죽은 4월 중순부터 한 달 동안 나오는데 위가 뾰족하고 아래로 갈수록 넓은 고깔 모양으로 몸집은 제일 크지만 맛은 가장 덜하고 아린 맛이 강해 반드시 삶아서 물에 담갔다 쓴다. 분죽은 5월 순부터 한 달 동안 나오며 셋 중에서 가장 맛있는데 갸름한 고깔 모양으로 겉껍질은 노르스름한 밤색을 띠며 속 마디의 간격이 길다. 왕죽은 6월 한 달 동안 나오는데 위가 뾰족하지 않고, 위아래의 지름이 거의 차이 없이 길쭉하다. 껍질이 노르스름한 바탕에 검은 빛이 약간 있고 속 마디 간격이 길다. 분죽과 같이 아린 맛이 강하지 않아 삶은 뒤에 굳이 물에 담그지 않아도 된다.

죽순은 성질이 차 몸에 열이 많은 사람이 가래와 어지럼증이 심할 때 먹으면 효과가 있다. 죽순에는 칼륨이 많아 체내 염분을 조절하고, 혈중 콜레스테롤을 떨어뜨리는 효과가 있어 고혈압, 동맥경화, 심장병 등에 좋다. 또 대나무의 생김새 때문인지 몸을 곧게 해주는 효과가 있다고 해서 노인들이 즐겨 먹었다고 한다. 죽순은 갖은 채소와 함께 밥을 지어 먹어도 좋다. 삶아서 채썬 죽순, 양념한 표고버섯, 완두콩 등을 넣고 밥을 안친 후 뜸들일 때 은행, 밤, 피망 등을 넣고 양념장에 비벼 먹는데 오방색이 모두 들어 있는 영양만점의 음식이다.

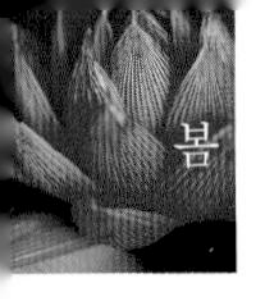


# 죽순전

**삶은 죽순 400g, 피망 ½개, 감자 2개, 밀가루 1컵, 소금 ½큰술, 포도씨유 약간**

1 삶은 죽순은 반으로 갈라 도마 위에 두고 방망이로 자근자근 두들긴다. 피망은 씨를 털고 다진다.

2 감자는 껍질을 벗겨 강판에 간다. 여기에 밀가루, 다진 피망을 넣고 소금간한다.

3 잘 달군 팬에 기름을 두른다. 손질한 죽순을 ②에 담갔다가 팬에 올려 앞뒤로 노릇노릇하게 굽는다.

# 죽순 무침

**삶은 죽순 300g, 오이 ½개, 양념장(고추장 2큰술, 유기농 설탕 ½큰술, 식초 1큰술, 통깨 약간)**

삶은 죽순은 껍질을 벗긴 후 빗살 무늬를 살려 굵게 채 썬다. 오이는 죽순과 비슷한 크기로 썬다. 분량의 재료를 섞어 양념장을 만들어 죽순에 넣어 무친다.

### 불가의 먹을거리 지혜

스님들의 공양은 원칙적으로 발우를 사용합니다. 발(鉢)은 범어로 발다라(鉢陀羅)의 약칭, 우(盂)는 중국말로 밥그릇이라는 뜻으로 풀이하자면 각자 자기가 먹을 수 있는 양을 공양하는 그릇, 즉 응량기(應量器)를 말합니다. 발우는 성불하신 부처님께 사천왕이 나타나서 발우 한 개씩을 가지고 하늘 꽃을 담아 부처님께 올리니, 부처님께서 받아 네 개를 하나로 포개신 것에서 유래되었다고 합니다. 스님들은 발우 공양을 할 때 마치 부처님을 모시고 함께 공양하는 마음가짐으로 소중하고 경건하게 임하는데 이에 깃든 정신은 다음과 같습니다.
첫째, 모든 대중이 차별 없이 똑같이 나누어 먹는 의식 속에 깃들어 있는 만인이 평등하다는 평등 공양 사상. 둘째, 자신이 먹을 음식을 자신의 발우에 덜어서 먹는 청결 공양 사상. 셋째, 음식을 조금도 남기거나 버리지 않고, 먹을 만큼만 덜어 먹는 절약 공양 사상. 넷째, 한 솥에서 만들어진 음식을 같은 시간, 같은 공간에서 식사함으로써 공동체 의식을 느끼는 공동 공양 사상. 마지막으로 자신의 건강 유지만이 아니라 이 음식이 만들어지기까지 고생한 모든 이들의 노고에 감사하고, 널리 중생의 은혜에 보답하기 위한 양약으로 먹겠다는 복덕 공양의 사상이 담겨 있습니다.

# 미나리 강회

**미나리 50g, 느타리버섯 50g, 대추 20개, 초고추장(사과 간 것 1/4개, 고추장 1큰술, 식초 1큰술, 통깨 약간)**

1 미나리는 잎은 잘라내고 줄기만 소금물에 데친 후 헹궈놓는다. 느타리버섯은 끓는 소금물에 데쳐놓는다. 대추는 돌려 깎아 씨를 제거한다.

2 느타리버섯 위에 대추를 놓고 미나리 줄기로 감는다. 다 감은 후에 남아 있는 미나리 줄기는 속으로 밀어넣어 마무리한다. 이밖에 호두, 양송이버섯, 팽이버섯 등 다양한 재료를 넣어 만들어도 된다.

3 강판에 간 사과에 초고추장을 섞고 식성에 맞게 식초를 넣은 후 통깨를 뿌려 만든 초고추장을 함께 낸다.

### 선재 스님의 무공해 손맛

미나리 강회나 두릅회도 그렇지만 두릅전처럼 초고추장에 찍어 먹는 전들이 있습니다. 초고추장은 고추장, 유기농 설탕, 식초를 섞는 것이 일반적이지만 절에서는 유기농 설탕 대신 사과즙이나 배즙을 갈아 넣기도 합니다. 물론 유기농 설탕보다는 과일로 단맛을 내는 것이 맛도, 건강에도 좋기 때문이지요. 김치를 담글 때 홍시나 호박을 넣는 것도 같은 이치지요. 또 과일은 부처님께 올리는 공양물인 덕분에 사찰에 흔하기 때문이기도 하고요.

# 두릅 물김치

**두릅 600g, 소금 약간, 고춧가루 2큰술, 홍고추 3개**

1 두릅은 보라색 껍질이 붙은 것으로 골라 칼로 딱딱한 밑동을 잘라내고 껍질을 벗긴 후 물로 잘 씻는다. 물이 끓을 때 소금을 넣고 두릅을 밑동부터 넣어 숨만 살짝 죽을 만큼 데친 후 찬물에 한 번 헹구고, 그 물은 버리지 말고 둔다. 두릅을 데쳤던 물도 물김치 국물로 쓰기 위해 식혀둔다.

2 두릅은 큰 것은 5cm 크기로 자르고, 굵은 것은 반으로 가른다. 두릅에 고춧가루와 소금을 넣고 무쳐 항아리에 담는다. 홍고추는 어슷썬다. 두릅 삶은 물에 두릅 헹군 물을 섞어 소금으로 삼삼하게 간한 후 두릅이 잠길 정도로 붓고 어슷썬 홍고추를 띄운다. 이틀 정도 두면 특유의 향이 나며 맛이 든다.

### 불가의 먹을거리 지혜

사찰음식은 전체식을 지향합니다. 전체식이란 말 그대로 하나도 버리는 부분 없이 먹는다는 이야기입니다. 이는 먹을 수 있는 음식을 낭비하지 않기 위함이기도 하지만 더 큰 의미는 식품의 영양소를 빠짐없이 섭취하려는 데 있습니다. 예를 들어 쌀은 도정하지 않은 현미를 먹고, 과일도 가능하면 껍질째 먹기를 권합니다. 표고버섯 불린 물로는 찌개를 끓이고, 나물 데친 물도 버리지 않고 국을 끓여 먹거나, 물김치를 만들어 먹는 것도 마찬가지 이유에서입니다.

냉이 튀김

# 두릅 초회

**두릅 200g, 소금 1작은술, 초고추장(고추장 1큰술, 유기농 설탕 1작은술, 식초 1큰술, 통깨 약간)**

두릅은 밑동을 자르고 굵은 것은 십자로 칼집을 넣는다. 냄비에 물을 넉넉히 붓고 끓기 시작하면 소금을 넣어 밑동부터 넣고 파랗게 데친다. 이때 덜 삶아지면 색이 까맣게 변한다. 데친 두릅은 재빨리 냉수에 헹궈 물기를 뺀다. 초고추장을 만들어 데친 두릅과 함께 낸다.

# 봄나물 튀김

**두릅·냉이·쑥 200g씩, 튀김 (밀가루 ½컵, 녹말 ½컵, 물 ½컵·소금 약간) , 밀가루·포도씨유 적당량, 초간장(집간장 2큰술, 식초 1큰술, 물 1큰술)**

1 두릅은 연한 것으로 골라 굵은 것은 밑동에 십자로 칼집을 넣는다. 냉이는 뿌리의 잔털을 제거해 깨끗이 다듬어 씻어 물기를 빼고, 쑥은 연한 것으로 골라 다듬어 씻어 물기를 뺀 후 각각 밀가루를 얇게 묻혀둔다.

2 튀김옷은 밀가루와 녹말, 소금을 섞어 차가운 냉수나 얼음물로 반죽해 만든다. 각각의 봄나물에 입혀 튀겨 초간장과 함께 낸다.

## 음식이 약이다 | 두릅

봄철에 나오는 두릅의 새순은 중추신경을 흥분시켜 대뇌 작용을 활발하게 해주기 때문에 정신적인 피로를 풀어주는 데 매우 효과적이다. 또한 당뇨병 환자가 먹으면 열량이 적어 혈당치를 떨어뜨리고 허기를 막아주는 역할을 하며, 몸이 붓고 소변을 자주 보는 사람이 먹으면 신장 기능을 강화시키는 데도 도움을 준다. 두릅은 튀김으로도 즐겨 먹는다. 기름에 튀기면 비타민은 손실되지만 찬 성질을 갖고 있는 두릅에 열을 가해줄 수 있으므로 속이 냉한 사람에게는 더 좋다. 두릅 튀김을 두릅 물김치와 곁들여 먹는 것도 한 가지 방법. 「동의보감」을 보면 '사람은 너무 뜨겁게 먹어도, 차갑게 먹어도 좋지 않다' 는 말이 나오는데 물김치와 튀김을 함께 먹으면 서로 음식의 온도를 적당히 조절해줄 수 있다. 한방에서는 두릅나무 껍질을 신장병 약재로, 잎과 뿌리, 열매는 건위제로 사용한다.

두릅

## 아카시아 잼

**아카시아꽃 200g, 조청 1컵, 꿀 1큰술**

1 아카시아는 꽃만 따서 깨끗이 씻어 물기를 뺀다.

2 냄비에 조청을 넣고 끓이다가 아카시아꽃을 넣어 살짝 조린다. 불을 끈 후 꿀을 넣어 섞는다.

## 아카시아꽃 튀김

**아카시아꽃 100g, 녹말 약간, 튀김 (밀가루 1/2컵, 녹말 1/2컵, 물 1/2컵, 소금 약간), 포도씨유 적당량**

1 아카시아꽃은 송이째 씻어 물기를 없앤다.

2 녹말과 밀가루를 반씩 섞어 소금간하여 얼음물로 묽게 반죽해 튀김옷을 만든다.

3 아카시아 꽃에 녹말을 묻힌 후 다시 튀김옷을 입혀 기름에 살짝 튀긴다.

### 음식이 약이다 | 아카시아

아카시아

진달래와 함께 예부터 먹는 꽃으로 여겨졌던 것이 바로 아카시아다. 쌉싸름한 맛과 단맛이 어우러진 진한 향기의 아카시아는 송이째 따서 그대로 훑어 먹기도 했지만 찹쌀풀을 바른 후 햇볕에 말려 부각을 만들기도 했다. 아카시아를 팥고물 대신 멥쌀가루와 켜켜이 안쳐 시루에 찌는 아카시아 시루떡도 있다. 아카시아꽃은 샐러드로 먹어도 별미다. 꽃만 딴 아카시아에 채썬 차조기잎을 섞고 배즙과 잣을 갈아 만든 배즙 소스를 뿌려 먹는다.

머위 두부 무침

머위 간장 무침

머위 고추장 된장 무침

# 세 가지 머위 무침

**머위 300g, 고추장 된장 무침(고추장 1큰술, 된장 1큰술, 참기름 1/2큰술, 통깨 약간), 두부 무침(두부 1/4모, 된장 1 1/2큰술, 고추장 1 1/2큰술, 참기름 1큰술, 통깨 약간), 간장 무침(집간장 1큰술, 참기름 1/2큰술, 통깨 약간)**

1 머위는 잎이 자잘한 것으로 골라 끓는 물에 소금 넣고 데쳐 쓴맛을 없애고 양을 셋으로 나눈다.

2 손질한 머위는 각각의 양념에 무친다. 두부 무침을 할 때 두부는 칼등으로 으깨어 체에 걸러주고 여기에 된장, 고추장, 통깨, 참기름을 넣어 무친다.

# 머위 겉절이

**머위 200g, 양념장(집간장 1큰술, 고춧가루 1/2큰술, 유기농 설탕 1/3큰술, 식초 1큰술, 물 2큰술, 통깨 2큰술)**

겉절이용 머위는 초봄의 아주 여린 잎을 써야 쓴맛이 덜하다. 머위는 받아놓은 물에 씻는데, 여린 잎을 흐르는 물에 씻으면 멍들기 쉽기 때문이다. 분량의 재료를 섞어 만든 양념장에 넣어 무친다.

머위

## 음식이 약이다 | 머위

절 담벼락에 많이 자라는 머위는 산에서 독사에 물렸을 때 잎을 짓이겨 붙였을 정도로 해독 작용이 강하다. 초봄, 머위의 여린 줄기는 된장을 풀어 국을 끓여 먹거나 나물을 해먹고, 잎은 쌈이나 무침으로 먹는다. 머위 무침을 할 때는 잎이 자잘한 것을 골라 데쳐서 쓴맛을 없애고, 아주 작은 머위잎은 데치지 않고 그냥 겉절이를 해서 먹어야 제 맛이 난다. 머위는 겨울 동안 쌓인 독을 풀어주고, 입맛을 나게 하며 중풍 예방의 효과도 있으며, 꽃은 기침을 멈추게 하는 약효가 있다.

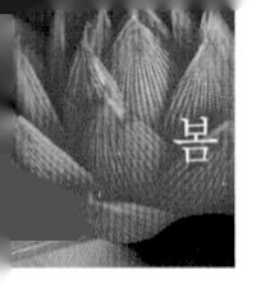


# 더덕 양념구이

**더덕 200g, 구이 양념(고추장 2큰술, 통깨 1작은술), 들기름 1큰술**

1 더덕은 깨끗이 씻어 껍질을 돌려가며 벗긴다. 마른 행주 위에 놓고 방망이로 두들겨 부드럽게 만든다.

2 팬에 들기름을 두르고 더덕을 굽는다. 구운 더덕에 고추장과 통깨를 넣고 무친 후 다시 한번 굽는다. 찹쌀가루를 무쳐 튀긴 후 꿀이나 고추장에 찍어 먹기도 한다.

# 더덕 잣즙 생채

**더덕 400g, 잣즙 소스(배 ½개, 잣 4큰술, 소금 약간씩), 흑임자 약간**

1 더덕은 껍질을 돌려가며 벗기고 마른 행주 위에 놓고 방망이로 자근자근 두드린 후 잘게 찢는다.

2 배는 강판에 간다. 믹서에 배즙과 잣을 넣고 간 후 소금으로 간한다. 잘게 찢은 더덕에 잣즙 소스를 넣고 골고루 버무린 후 흑임자를 뿌려 낸다.

# 더덕죽

**현미찹쌀 1컵, 물 8컵, 더덕 100g, 소금 약간**

1 현미는 깨끗이 씻어 2~3시간 정도 물에 담가둔다. 손질한 더덕은 방망이로 두드린 후 잘게 찢는다.

2 불린 현미는 믹서에 물을 조금 넣고 간다. 현미 간 것에 물을 붓고 끓인 후 죽이 거의 다 되었을 때 잘게 찢은 더덕을 넣고 소금으로 간한다.

### 불가의 먹을거리 지혜

대찰에 가면 빠짐없이 볼 수 있는 나무들이 있습니다. 벚나무, 소나무, 은행나무 등이 그것인데 멋진 풍광을 위해 심어진 것만이 아니라 모두 중요한 약재이기도 합니다. 벚나무를 예로 들어 볼까요. 껍질을 진하게 달인 물은 해소나 기침 치료에 좋고, 속껍질 달인 물은 식중독에 효과가 있습니다. 또 벚나무 잎에 음식을 싸두면 쉽게 상하지 않지요. 또 머리를 맑게 하는 솔잎차는 정진을 하는 스님들에게 꼭 필요한 약차이고, 참기름에 재운 은행은 폐결핵을 치료하는 훌륭한 약입니다.

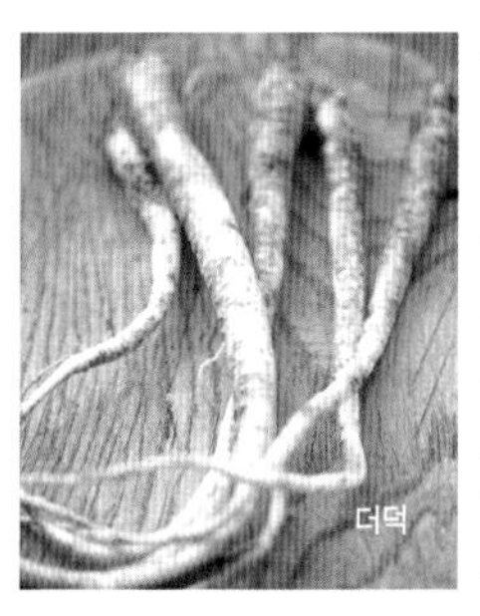
더덕

## 음식이 약이다 | 더덕

성질이 차고 맛이 아린 더덕은 그 찬 성질이 폐 기운을 돋워주고, 가래를 없애주는 효과가 있기 때문에 예부터 기관지염, 해소병의 약재로 이용되어 왔다. 건위, 강장제로도 효과적이며 물 먹고 체한 데에도 좋다고 한다. 더덕은 영양적으로도 훌륭한 식품. 다른 산채에 비해 단백질, 탄수화물, 지방이 많이 들어 있고 칼슘, 인, 철분 같은 무기질과 비타민도 풍부하다. 또 씹는 맛이 독특한데 오래 씹을수록 향을 더 잘 느낄 수 있다. 절에서는 더덕의 어린 순으로는 나물을 무쳐 먹고, 뿌리는 튀김, 전, 무침, 장아찌 등으로 먹으며 송차에 넣기도 한다. 더덕은 매콤하게 무쳐 생채로도 즐긴다. 가늘게 찢은 더덕에 고운 고춧가루를 넣어 발그스름하게 무치고 나서 유기농 설탕, 소금, 식초 등을 알맞게 넣어 무친다. 입맛이 없을 때 좋은 산뜻한 찬이다. 섭산삼이라고 해서 두들긴 더덕에 찹쌀가루를 고루 묻혀 기름에 지져 후식으로도 낸다.

봄

# 홋잎나물 밥

**쌀 3컵, 홋잎 200g, 양념장(집간장 3큰술, 청·홍 고추 1개씩, 통깨 1큰술, 참기름 1작은술)**

**1** 쌀은 밥짓기 30분 전에 씻어서 건져놓는다. 홋잎은 솔가지처럼 붙은 것을 떼어내면서 깨끗이 다듬어 씻은 다음 소쿠리에 담아 물기를 뺀다.

**2** 쌀과 물의 양을 1:1.1 비율로 안쳐 밥을 한다. 묵은 쌀인 경우 1:1.2 비율로 물의 양을 좀 더 늘린다. 나물에서 물이 나오기 때문에 평소보다 밥을 고슬고슬하게 짓는다. 물기가 걷히고 뜸이 거의 들 때 손질한 홋잎을 얹고 뜸을 좀 더 들인다. 처음부터 홋잎을 넣으면 색이 누래지고 맛이 없다.

**3** 양념장을 만든다. 집간장에 다진 청·홍 고추, 통깨를 섞은 후 참기름을 넣는다. 참기름을 먼저 넣으면 고루 섞이지 않으므로 맨 나중에 넣는다.

**4** 뜸이 다 들면 홋잎나물과 밥을 섞어 비빈 후에 그릇에 담아 낸다. 많은 양의 밥을 할 때는 홋잎 데친 물에 밥을 짓고, 나중에 홋잎을 섞어 밥을 푼다.

홋잎

# 홋잎 무침

**홋잎 200g, 양념장(집간장 1큰술, 고춧가루 ½큰술, 유기농 설탕 ⅓큰술, 식초 1큰술, 물 2큰술, 통깨 2큰술)**

홋잎은 작고 연한 것만 골라 솔가지처럼 붙어 있는 것을 떼고 끓는 물에 소금을 넣고 살짝 데친다. 양념장을 만든 후 손질한 홋잎에 넣고 살짝 무친다.

### 음식이 약이다 | 홋잎나무

화살나무, 참빗나무라 불리는 홋잎나무는 민간에서 위암, 식도암 등 갖가지 암에 효과가 있다고 널리 알려진 식물이다. 한방이나 민간에서는 홋잎나무를 산후 피멎이 약, 자궁출혈, 생리불순 등 여성병 치료제로 많이 쓴다. 당뇨병에도 효험이 있어 혈당량을 낮추고 인슐린 분비를 늘리는 작용을 한다. 또 꽃이 피기 전의 홋잎나무 잎은 그늘에서 말려 차로 달여 먹어도 좋다. 한 번에 2~3g을 뜨거운 물로 3~4분 정도 우려내어 마신다. '귀전우차'라고 부르는데 몸을 따뜻하게 하고, 혈액순환을 좋게 하며 여성의 생리불순, 자궁염 등을 낫게 한다.

## 곤드레나물 밥

**쌀 3컵, 곤드레 300g, 들기름·소금 약간씩, 양념장(집간장 3큰술, 청·홍 고추 1개씩, 통깨 1큰술, 참기름 1작은술)**

**1** 쌀은 밥짓기 30분 전에 씻어서 건져놓는다. 곤드레는 끓는 물에 소금을 넣고 데쳐 물에 담가 쓴맛을 잠시 우렸다가 물기를 꼭 짠 후 송송 썬다. 여기에 들기름, 소금을 넣고 조물조물 무친다.

**2** 쌀과 물의 양을 1:1.1 비율로 앉혀 밥을 한다. 묵은 쌀인 경우 1:1.2 비율로 물의 양을 좀 더 늘린다. 나물에서 물이 나오기 때문에 평소보다 밥을 고슬하게 짓는다. 쌀 위에 양념이 밴 곤드레를 얹고 밥을 짓는다. 뜸이 다 들면 주걱으로 고루 섞어 밥그릇에 담는다.

**3** 분량의 재료를 섞어 양념장을 만들어 같이 낸다. 참기름을 먼저 넣으면 양념이 고루 섞이지 않으므로 참기름을 맨 나중에 넣어야 한다.

## 곤드레 된장찌개

**곤드레 200g, 된장 4큰술, 홍고추 2개, 표고버섯 가루 1큰술, 다시마(10cm) 1장**

**1** 곤드레는 끓는 물에 소금을 넣고 데쳐 찬물에 담가 쓴물을 우린다. 물기를 꼭 짠 후 송송 썰어 된장에 조물조물 무친다. 홍고추는 송송 썬다.

**2** 냄비에 물을 붓고 다시마를 넣어 불에 올린 후 끓으면 ①의 곤드레와 표고버섯 가루를 넣어 은근히 끓인다. 표고버섯 가루 대신 표고버섯 불린 물과 다시마 국물을 섞어 써도 된다. 마지막으로 홍고추를 넣는다.

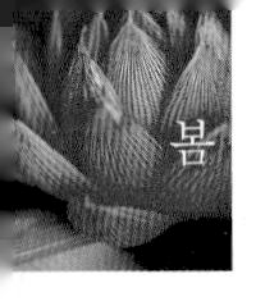

엄나무순

## 음식이 약이다 | 엄나무

엄나무순은 개두릅나물이라 부르기도 한다. 봄철에 연한 엄나무의 새순을 살짝 데쳐 나물로 무쳐 먹거나 또는 초고추장에 찍어 먹으면 독특한 맛과 향이 난다. 엄나무의 껍질과 뿌리는 한방이나 민간에서 약으로 흔히 쓴다. 껍질을 쓸 때는 겉껍질은 긁어서 버리고 속껍질만을 쓰며 여름철에 껍질을 벗겨야 잘 벗겨진다. 관절염, 종기, 암, 피부병 등 염증질환에 탁월한 효과가 있고, 신경통에도 잘 듣는다. 만성간염 같은 간장질환에도 효험이 있으며, 늘 복용하면 중풍을 예방한다. 엄나무 속껍질이나 뿌리로 술을 담가 먹어도 신경통, 관절염, 근육마비, 근육통 등에 상당한 효과를 볼 수 있다. 만성간염이나 간경화 초기에는 엄나무 속껍질을 잘게 썰어 말린 것을 달여 마시거나, 엄나무 잎을 그늘에 말린 것으로 차를 달여 꾸준히 마시면 도움이 된다.

# 엄나무순 회

**엄나무순 400g, 소금 약간, 초고추장(고추장 2큰술, 유기농 설탕 1작은술, 식초 1작은술)**

엄나무순은 연한 것만 골라 깨끗이 다듬는다. 끓는 물에 소금을 넣고 줄기부터 먼저 넣어 한소끔 끓어오를 때 건져 냉수에 잠깐 담가 쓴맛을 우려낸다. 초고추장을 만들어 함께 낸다.

# 엄나무순 전

**엄나무순 400g, 밀가루 1컵, 소금 약간, 포도씨유 3큰술, 초간장(집간장 2큰술, 고춧가루 1작은술, 통깨 1작은술, 식초 1작은술)**

1 엄나무순은 끓는 물에 데친 후 물에 담가 쓴맛을 우려내고 물기를 닦는다. 밀가루에 소금을 약간 넣고 걸쭉하게 반죽해 전옷을 만든다.

2 잘 달군 팬에 기름을 두르고 전옷을 입힌 엄나무 순을 놓고 앞뒤로 노릇하게 지져 초간장과 함께 낸다.

# 엄나무순 김치

**엄나무순 2단, 소금 약간, 찹쌀풀(찹쌀가루 2큰술, 물 4컵, 소금 2큰술), 고춧가루 ½큰술, 집간장 1큰술**

1 엄나무순은 연한 것만 골라 깨끗이 손질해 옅은 소금물에 절였다가 건진다.

2 찹쌀풀을 묽게 끓여 한김 나가면 고춧가루, 집간장으로 간하고 절인 엄나무순을 넣어 무친다. 엄나무순 김치는 어느 정도 삭혀야 제맛이 난다.

### 불가의 먹을거리 지혜

사찰음식의 가장 큰 특징은 우유를 제외한 동물성 식품과 다섯 가지 매운 채소(파, 마늘, 달래, 부추, 홍거)인 오신채를 금하는 것입니다. 「능가경」에는 '윤회 속에서 부모, 형제, 모시는 이와 부리는 이가 생을 바꾸면서 새와 짐승의 몸을 받았는데 어떻게 그들을 먹겠는가' 라고 말하고 있으며, 「범망경」에는 '날것으로 먹으면 성내는 마음을 일으키고, 익혀 먹으면 음심을 일으키므로' 오신채를 금한다고 밝히고 있습니다.

# 씀바귀 나물

**씀바귀 300g, 소금 ½작은술, 고추장(고추장 2큰술, 유기농 설탕 1작은술, 식초 1작은술, 통깨 1큰술)**

**1** 씀바귀는 누런 잎을 떼고 깨끗이 손질한 다음 씻어 끓는 물에 소금을 약간 넣고 살짝 데친 후 찬물에 헹궈 짠다. 쓴맛이 싫으면 3~4시간 그대로 찬물에 담가 두 번 정도 물을 갈면서 씻으면 쓴맛이 약해진다.

**2** 넉넉한 그릇에 분량의 재료를 섞어 고추장을 만든 후 손질한 씀바귀를 넣고 주물러 무친다.

# 씀바귀 고추장 무침

**씀바귀 200g, 고추장 2큰술, 참기름 2작은술, 통깨 1큰술**

**1** 씀바귀는 잔뿌리를 다듬어 끓는 물에 살짝 데쳐 찬물에 헹군 다음 물기를 꼭 짠다. 굵은 씀바귀의 뿌리는 가운데 칼집을 넣어 반으로 가른다.

**2** 데친 씀바귀에 고추장을 넣고 무친 후 참기름, 통깨를 넣는다.

# 씀바귀 장아찌

**씀바귀 200g, 소금 약간, 물 1컵, 집간장 1컵, 조청 1컵**

**1** 잎이 있는 씀바귀는 깨끗이 다듬어 끓는 물에 살짝 데쳐 찬물에 헹군다. 소금물에 일주일 정도 담가 쓴물을 뺀 다음 건져 채반에 널어 시들시들하게 말린다.

**2** 냄비에 물, 집간장, 조청을 넣고 끓여 씀바귀에 부었다가 간장만 따라내 다시 끓였다가 붓기를 두 번 반복한다. 일주일 후부터 먹기 시작한다.

### 음식이 약이다 | 씀바귀

씀바귀는 성질이 차서 오장의 나쁜 기운과 열을 없애고 심신을 안정시키며, 잠을 몰아내는 효과가 있기 때문에 수험생이나 스트레스가 심한 샐러리맨들에게 특히 좋다. 언뜻 보면 냉이, 고들빼기와 비슷하지만 그것들과 달리 잎보다는 뿌리를 주로 먹는 나물이라는 점에서 차이가 난다. 이름에서 알 수 있듯이 쓴맛이 매우 강한 게 특징이다.

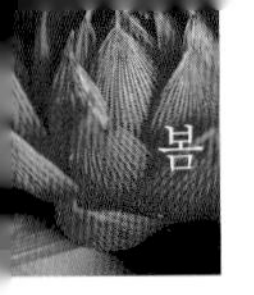

## 음식이 약이다 | 고수

고수는 고소하고 맛이 좋아서 '고소'라고도 부른다. 성질이 차서 열을 내리는 역할을 하므로 공부를 많이 해야 하는 스님들에게 꼭 필요한 먹을거리이다. 때문에 '고수를 잘 먹어야 스님 노릇 잘한다'는 말이 있을 정도. 성적 에너지를 영적 에너지로 바꿔주는 역할을 한다고 하며, 위를 튼튼하게 하고 장의 가스 배설과 담 제거에 효과가 있다.

고수

## 음식이 약이다 | 돌미나리

절에서는 맑은 계곡물이 흐르는 곳에 미나리를 심어 봄에서부터 늦은 가을까지 먹는다. 이렇게 키운 미나리는 깨끗하므로 주로 날로 먹는데 송송 썰어 양념장과 함께 밥에 비벼 먹으면 별미다. 또 찌개 끓일 때 넣으면 독특한 향이 입맛을 돋운다. 미나리를 먹으면 식물성 섬유가 내장 벽을 자극해 운동을 촉진시키므로 장의 활동이 활발해져 변비에도 도움이 된다.

돌미나리

# 고수 겉절이

**고수 200g, 양념장(집간장 1큰술, 고춧가루 $\frac{1}{2}$큰술, 유기농 설탕 $\frac{1}{3}$큰술, 식초 1큰술, 통깨·참기름 약간씩)**

고수는 깨끗이 씻어 먹기 좋은 크기로 자른다. 분량의 재료로 양념장을 만들어 손으로 살살 무친다. 접시에 담기 전 참기름을 넣어 한 번 더 무쳐 통깨를 뿌린다.

# 돌미나리 겉절이

**돌미나리 200g, 양념장(집간장 1큰술, 고춧가루 $\frac{1}{2}$큰술, 유기농 설탕 $\frac{1}{3}$큰술, 식초 1큰술, 물 2큰술, 통깨 2큰술)**

잘 다듬은 미나리는 깨끗이 씻는다. 분량의 재료를 섞어 만든 양념장을 부어 고루 무친다.

# 민들레 겉절이

**민들레 300g, 초고추장(고추장 2큰술, 유기농 설탕 1작은술, 식초 1작은술, 통깨 1큰술)**

민들레는 꽃이 피지 않은 연한 것으로 골라 끝의 억센 부분을 떼고 초고추장을 부어 살살 버무린다.

## 음식이 약이다 | 민들레

민들레

민들레는 유럽에서도 즐겨 먹는다. 그 중에 민들레 커피도 있다. 민들레 뿌리를 말려 볶아서 가루를 내어 물에 타서 마시는데, 맛과 빛깔은 물론 향기까지 커피와 비슷해 민들레 커피라고 부른다. 물론 커피처럼 카페인도 없고, 자극적이지도 않으며, 중독성도 없다. 민들레는 우리나라에서도 예부터 먹을거리나 민간약으로 널리 써왔다. 이른봄 풋풋한 어린잎은 나물로 무쳐 먹거나 국에 넣는다. 쓴맛이 위와 심장을 튼튼하게 하며 위염이나 위궤양도 치료한다. 뿌리는 가을이나 봄에 캐서 된장에 박아두었다가 장아찌로 먹는다. 꽃이나 뿌리는 술을 담그는데, 2배의 청주를 부어 20일쯤 두면 담황색으로 우러난다. 여기에 유기농 설탕이나 꿀을 넣고 한두 달 숙성시켰다가 조금씩 마신다. 또 민들레의 꽃, 잎, 줄기, 뿌리를 달여 차처럼 수시로 마시면 신경통에 좋다.

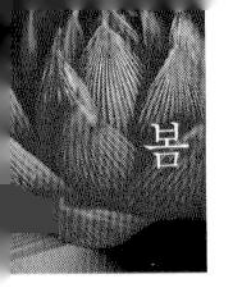
봄

# 곰취 장아찌

**곰취 400g, 물 1컵, 집간장 1컵, 조청·청주 약간씩**

1 곰취는 깨끗이 씻어 물기를 닦아낸다.

2 물과 집간장을 섞은 것에 곰취를 담갔다가 건져 단지에 담고 그 위에 남은 간장을 붓는다. 다음날 간장만 따라 끓였다가 식혀 붓기를 세 번 정도 반복한다.

3 마지막 간장에는 조청, 청주를 약간씩 넣고 끓인다.

## 선재 스님의 무공해 손맛

곰취는 깊은 산속에서 나는 식물로 쓴맛과 향기를 지니고 있습니다. 특히 오대산 곰취가 맛있는데 어린잎은 날것을 쌈으로 먹거나 볶아서 나물로 먹고, 조금 큰 것은 데쳐서 말렸다가 묵은 나물로 먹지요. 곰취 장아찌를 담그는 또 하나의 방법. 곰취는 소금물에 절였다가 꼭 짭니다. 간장, 조청을 끓였다가 식으면 고춧가루를 섞어 곰취에 넣고 무칩니다. 단지에 꼭꼭 눌러 넣어두었다가 꺼내어 그대로 먹거나 통깨, 참기름을 넣고 무쳐 먹으면 됩니다.

# 물쑥뿌리 숙주 겨자 무침

**물쑥뿌리 200g, 소금 약간, 도토리묵 가루 약간, 숙주 200g, 홍피망 1개, 오이 ½개, 겨자 소스(발효겨자 2큰술, 유기농 설탕 1작은술, 식초 2큰술, 통깨 약간)**

1 물쑥뿌리는 잔털은 떼고 끓는 소금물에 살짝 데친다. 먹어보아 쓴맛이 강하면 찬물에 오래 담가 쓴물을 뺀 후 조리하고, 그다지 쓰지 않으면 찬물에 헹군다.

2 적당한 크기로 자른 물쑥에 소금을 조금 뿌려 절인다. 물쑥에서 물기가 스며나오면 도토리묵 가루를 묻혀 김이 오른 찜통에 넣고 넓게 펴서 찐 다음 식힌다.

3 숙주는 끓는 물에 소금을 넣어 아삭하게 삶고, 홍피망은 채썰고, 오이는 소금에 문질러 씻어 물쑥 길이로 잘라 납작하게 썬다.

4 겨자를 찐다. 겨자가루를 뜨거운 물에 되게 개어 그릇에 붙인 후 물이 끓고 있는 냄비 뚜껑 위에 엎어둔다. 물쑥을 찐 냄비에 남은 물로 겨자가루를 개면 영양분의 손실 없이 먹을 수 있다. 40분 정도 찐 후 불에서 내려 뜨거운 물을 한 번 부었다 따라낸다.

5 발효시킨 겨자에 간을 보아가며 유기농 설탕, 식초, 통깨를 넣고 고루 섞어 새콤달콤한 겨자 소스를 만든다.

6 그릇에 물쑥뿌리 쪄낸 것, 채썬 피망, 오이, 숙주를 넣고 겨자 소스를 부어 무친다.

## 음식이 약이다 | 물쑥

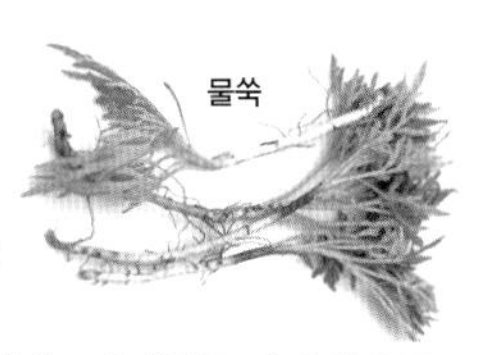


논두렁이나 냇가의 습한 곳에서 자라는 물쑥은 아주 이른봄부터 나온다. 쑥과 달리 뿌리만 먹는데 진한 향이 난다. 데쳐서 소금간을 하여 새콤하게 무치거나 고춧가루를 넣어 붉게 무치기도 한다. 참기름에 살짝 볶아서 고추장, 된장, 통깨를 넣고 간이 잘 배도록 많이 주물러서 무쳐도 맛있다. 탕평채 만들 때 물쑥을 섞으면 향기가 좋고 쓴맛도 잘 어울린다.

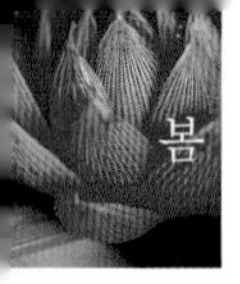


# 돌나물 고추장 무침

**돌나물 300g, 소금 약간, 초고추장(고추장 2큰술, 유기농 설탕 1작은술, 식초 1작은술, 통깨 1큰술)**

돌나물은 흙을 털어 깨끗이 다듬어 씻어 끓는 물에 소금을 약간 넣고 살짝 데친 후 찬물로 헹궈 꼭 짠다. 넉넉한 그릇에 분량의 재료를 섞어 초고추장을 만든 후 손질한 돌나물을 넣고 무친다.

### 음식이 약이다 | 돌나물

돌나물은 줄기에 붙은 잎을 하나씩 떼어야 하므로 다듬는 데 손이 많이 가는 나물이지만 칼슘이 풍부할 뿐 아니라 비타민도 고루 들어 있다. 특유의 향이 있어 연한 것은 날로 고추장과 식초를 넣어 무쳐 먹는데 손으로 주물러 무치면 풋내가 나므로 키질하듯 그릇째 까불어서 간이 고루 배게 한다. 나박 썬 무를 넣고 국물을 넉넉히 잡아 물김치를 담그기도 하는데 약간 덜 익었을 때 먹어야 맛있다.

# 질경이 나물

**질경이 500g, 집간장 1½큰술, 들기름 ½큰술, 현미쌀눈 가루·통깨 약간씩**

**1** 깨끗이 손질해서 데친 질경이는 찬물에 헹군 후 3~4시간 물에 담가 쓴물을 우려낸다. 쓴맛을 싫어하지 않는다면 잠깐만 담갔다가 조리해도 된다.

**2** 데친 질경이는 물기를 짜고 집간장, 들기름, 현미쌀눈 가루를 넣어 손으로 조물조물 무친다. 간이 배면 잘 달궈진 팬에 볶는다. 어느 정도 볶아지면 물을 조금만 넣고 더 볶는다. 마지막으로 통깨를 뿌려 낸다.

# 질경이 장아찌

**질경이·소금·고추장 적당량씩**

**1** 질경이는 잎이 흩어지지 않도록 붙여서 더러운 밑동만 약간 잘라낸다. 끓는 물에 소금을 넣고 파랗게 데쳐 바로 건져 시들시들하게 말린다.

**2** 말린 질경이는 베보에 넣어 고추장에 박아두고 한 달쯤 후에 꺼내 먹는다. 된장에 박아도 된다.

## 음식이 약이다 | 질경이

수레바퀴가 지나가도 강인하게 번식한다고 해 '차전초(車前草)' 라고도 하는 질경이는 길가나 들에 많은 흔한 풀이다. 이름 그대로 질경이의 생명력은 대단히 강하다. 민간요법에서는 만병통치약으로 부를 만큼 활용 범위가 넓고 약효도 뛰어나다. 옛글에는 질경이를 오래 먹으면 몸이 가벼워지며 언덕을 뛰어 넘을 수 있을 만큼 힘이 생기고 무병장수한다고 쓰여 있다. 질경이는 훌륭한 약초일 뿐 아니라 무기질과 단백질, 비타민, 당분 등이 풍부한 나물이기도 한데 옛날부터 봄철에 나물로 즐겨 먹었고, 삶아서 말려두었다가 묵은 나물로 먹기도 했으며, 장아찌도 담갔다. 소금물에 살짝 데쳐 나물로 무치고, 기름에 볶거나, 국을 끓여 먹을 수도 있다. 생잎으로 쌈을 싸 먹을 수도 있으며, 튀김으로도 먹고, 김치를 담그기도 한다. 잎과 줄기, 씨앗 모두 차로도 마신다.

톳 초고추장 무침
톳 두부 무침
세발나물 간장 무침
세발나물 초고추장 무침

# 톳 무침

**톳 200g, 소금 약간, 초고추장 무침(고추장 2큰술, 유기농 설탕 1작은술, 식초 1큰술, 통깨 약간), 두부 무침(두부 1/4모, 소금 1작은술, 참기름 1큰술)**

1 톳은 끓는 물에 소금 넣고 파랗게 데쳐 찬물에 헹군 다음 소쿠리에 건져 물기를 빼고 먹기 좋은 크기로 썰어 반은 초고추장 양념에 살살 버무린다.

2 두부는 물기를 닦아낸 후 칼등으로 으깨어 소금, 참기름을 넣어 간한 후 남은 톳에 넣고 무친다.

# 세발나물 무침

**세발나물 200g, 초고추장(고추장 2큰술, 유기농 설탕 1작은술, 식초 1큰술, 통깨 약간), 간장 약간**

1 세발나물은 끓는 물에 소금을 넣고 색깔이 파래질 만큼만 살짝 데쳐 찬물에 헹군 다음 소쿠리에 건져 물기를 뺀다.

2 손질한 세발나물은 반으로 나눠 반은 초고추장 양념에 살살 버무리고, 반은 간장에 무친다.

# 감태전

**감태 200g, 전반죽(칡녹말 1/4컵, 밀가루 1/4컵, 소금 약간), 포도씨유 적당량**

1 감태는 씻었다 건져 잘게 다진다. 칡녹말에 밀가루, 소금, 물을 넣어 반죽한 후 감태를 섞는다.

2 잘 달군 팬에 포도씨유를 두르고 반죽을 한 숟가락씩 덜어 앞뒤로 부친다.

고추장 재료

고추장 만들기 1 2 3 4

# 고추장과 막장 담그기

고추장은 간장을 담그고 나서 더워지기 전인 3~4월에 담는다. 채식을 하는 절에서 채소를 보다 다양하게 즐기기 위해 발달한 것이 바로 장류. 그 중에서도 고추장은 식욕을 촉진시키고 소화를 돕는 음식이기도 하다. 스님들은 김장 김치 국물을 버리지 않고 두었다가 고추장 담글 때 막장을 함께 담근다. 막장은 '막 먹을 수 있다'고 해서 붙은 이름에서 알 수 있듯 담근 지 열흘 정도면 먹을 수 있는데, 쌈장으로 많이 먹는다.

# 현미 고추장

**현미 4컵, 메줏가루 2컵, 조청 4컵, 죽염 4컵, 집간장 1컵, 고운 고춧가루 4컵**

1 현미는 깨끗이 씻어 물에 담갔다가 10배의 물을 붓고 푹 무르게 죽을 쑨다. 죽을 하룻동안 그대로 두어 퉁퉁 불렸다가 고추장을 담그기도 한다. 현미 고추장은 깔깔하고 씁싸름한 맛이 나므로 다른 고추장에 비해 조청을 많이 넣어야 하는데 짠맛이 단맛을 만나면 더 짜지지므로 소금의 양에 주의한다.

2 죽이 어느 정도 식으면 메줏가루, 조청, 죽염, 집간장 순으로 넣은 뒤 완전히 식었을 때 고운 고춧가루를 넣는다. 소금은 죽염이나 굵은 소금을 볶아 쓴다. 집에서 소금을 볶을 때는 마스크를 쓰고 볶았다 식히고, 볶기를 반복하는데 유해물질이 많이 나오므로 집에서 볶는 것은 그다지 권할 만한 일은 아니다.

3 마른 행주에 소주를 묻혀 항아리를 닦는다. 고추장 항아리는 입이 커야 햇볕을 많이 받을 수 있다.

4 나무 주걱으로 고추장을 퍼서 항아리에 담는다. 담근 지 한 달 후부터 먹을 수 있다.

# 막장

**김장 김칫국물·거친 메줏가루 적당량, 소금 약간**

김치의 국물은 체에 두 번 거른다. 여기에 거칠게 빻은 메줏가루를 넣고 촉촉할 정도로 버무려 소금간한다.

여름

여름(6월 21일~9월 22일)은 숙성의 계절이다. 풍부한 일조량과 높은 습도로 인해 체내의 소화 흡수 기능 및 신진대사가 가장 원활히 이루어지는 시기이기도 하다. 더위로 인해 땀으로 소모되는 수분을 보충하고, 체내에서 과도하게 열이 발생하는 것을 막기 위해서는 오이, 수박 등 수분이 많은 채소와 과일을 충분히 섭취해야 한다. 또한 식물이 그 영양분을 뿌리에 저장하는 시기가 아니고 아직 잎에 가지고 있는 때이므로 상추, 시금치 등 제철의 잎채소를 즐겨 먹어야 한다.

# 애호박 소박이

**애호박 2개, 당근 30g, 표고버섯 2장, 은행 8알, 두부 1/4 모, 잣 2큰술, 소금 · 칡녹말 · 밀가루 약간씩**

1 애호박은 꼭지와 밑동을 조금씩 잘라 씨 부분을 도려낸다. 잘라낸 부분은 채썰고, 도려낸 부분은 버리지 말고 된장찌개 끓일 때 넣는다.

2 채소는 한 번 볶아서 쓰지 않으면 물이 생긴다. 당근, 불린 표고버섯은 곱게 채썰어 각각 기름 두른 팬에 소금간해 볶는다.

3 채썬 애호박은 소금을 뿌려 버무려 물기를 짠다. 오래 절여두면 단물이 빠져 맛이 없다. 센불에서 빨리 볶아 젓가락으로 헤쳐놓아야 물기가 생기지 않는다.

4 은행은 마른 팬에 볶아 속껍질을 벗기고, 두부는 칼의 옆면으로 으깬다.

5 볶은 채소가 식으면 그릇에 볶은 채소, 은행, 두부, 잣을 담고 칡녹말을 조금 넣어 소금간해 반죽한다.

6 애호박의 도려낸 부분에 밀가루를 고루 바르고, ⑤의 소를 꼭꼭 채워 넣는다.

7 김이 오른 찜통에 애호박을 넣고 찐 다음 식으면 2cm 두께로 잘라 낸다.

# 애호박 느타리전

**애호박 1개, 느타리버섯 200g, 홍고추 2개, 밀가루 · 소금 · 포도씨유 약간씩, 초간장(집간장 2큰술, 식초 1큰술, 물 약간)**

1 애호박은 반으로 자른다. 반은 곱게 채썰어 1cm 길이로 자르고, 남은 애호박은 굵은 강판에 간다.

2 느타리버섯은 끓는 소금물에 데쳐 찬물에 헹군 후 물기를 꼭 짜서 송송 썬다. 홍고추는 송송 썬다.

3 그릇에 강판에 간 애호박, 채썬 애호박, 느타리버섯을 넣고 소금간한 후 밀가루를 섞어 반죽한다. 이때 채소에서 물이 나오므로 물은 넣지 않는다.

4 잘 달군 팬에 기름을 두르고 국자로 반죽을 떠놓아 노릇노릇하게 부친다. 한쪽 면이 다 익으면 송송 썬 홍고추를 얹고 뒤집어 살짝 익힌다. 초간장을 함께 낸다.

## 선재 스님의 무공해 손맛

채소로 소를 넣어 만두를 빚을 때는 만두피에 구멍이 나지 않도록 주의해야 합니다. 고기 만두는 빚을 때 구멍이 나도 괜찮지만, 채소 만두는 구멍이 있으면 그 안으로 물이 들어가 터지기 쉽거든요. 또 물만두의 피를 만들 때는 찬물을 섞어 반죽하는 데 비해 찐만두는 익반죽을 해야 합니다. 호박 대신 오이를 넣으면 오이 편수가 되는데 호박이든, 오이든 파란 색깔이 투명하게 비쳐야 모양도 예쁘고 맛도 좋습니다.

# 애호박찜

**애호박 2개, 표고버섯 4장, 청·홍 고추 1개씩, 당근 30g, 소금·집간장·고춧가루 약간씩**

1 애호박은 길게 반으로 잘라 자른 부분을 위로 가게 도마 위에 놓고 2cm 간격으로 가로, 세로 칼집을 낸다. 나무 젓가락을 애호박의 양옆에 길게 놓고 모양을 내면 칼집이 끝까지 나지 않아 편리하다.

2 불린 표고버섯은 채썰어 소금간해 볶는다. 청·홍고추는 씨를 털어 길게 어슷썰고, 당근은 채썬다. 표고버섯이 완전히 식으면 그릇에 당근, 표고버섯, 청·홍고추를 담고 집간장, 고춧가루로 간해 무친다.

3 김이 오른 찜통에 애호박을 올려 파르스름하게 익을 때까지 찐다. 적당히 익으면 애호박 위에 ②의 무친 채소를 소복이 올리고, 뚜껑을 연 채로 김이 한 번 더 오르면 그릇에 담는다. 뚜껑을 연 채 채소를 익혀야 색이 변하지 않는다.

### 음식이 약이다 | 비만 예방에 좋은 식품

비만은 중년 여성의 가장 큰 고민이다. 부처님께서도 비만이 모든 병의 근원이라 하여 매우 경계하셨다. 흰콩 초절임은 몸의 불순물을 제거해주어 비만 예방식으로 좋다. 흰콩을 행주로 잘 닦아 병에 담고 콩이 잠길 정도로 감식초를 부은 후 일주일에서 열흘 정도 지난 후 먹기 시작하면 된다.

# 호박 편수

**애호박 5개, 표고버섯 10장, 풋고추 2개, 밀가루 2컵, 소금·집간장·참기름·통깨·후춧가루·포도씨유 약간씩, 초간장(집간장 2큰술, 식초 1큰술, 물 약간)**

1 호박은 곱게 채썰어 소금을 뿌려 버무리듯 해 물기를 짠 후 센불에서 빨리 볶아 젓가락으로 헤쳐둔다. 호박을 약한불에서 오래 볶으면 색이 살지 않는다. 그렇다고 덜 볶으면 만두를 만들었을 때 맛이 없다.

2 표고버섯은 불려서 꼭지를 떼고 얇은 것은 그대로, 두꺼운 것은 포를 떠서 채썰어 집간장, 참기름을 넣고 무쳐 기름 두른 팬에 볶는다. 풋고추는 매콤한 것을 골라 씨째 다져서 살짝 볶는다. 볶은 호박과 고추가 완전히 식으면 섞어 통깨, 후춧가루, 참기름에 무친다.

3 밀가루에 소금을 넣고 따뜻한 물을 조금씩 부어가며 골고루 섞다가 손으로 주물러봐서 약간 되다 싶을 때 뭉쳐서 반죽한다. 냉장고에 30분간 넣었다가 다시 반죽해 얇고 넓게 밀어 사각형으로 썬다. 만두피에 ②의 소를 넣어 대각선으로 모양을 잡아 예쁘게 빚는다.

4 김이 오른 찜통에 젖은 베보를 깔고 만두를 넣어 찐다. 소는 미리 익혔으므로 피만 익을 만큼 살짝 찐다. 만두는 너무 오래 찌면 색깔도 안 예쁘고, 맛도 덜하다. 초간장을 만들어 함께 낸다.

# 애호박 된장찌개

**애호박 1개, 풋고추 4개, 된장 4큰술, 굵은 고춧가루 약간, 다시마(10cm) 1장, 표고버섯 가루 2큰술, 생강즙 약간**

1 냄비에 물을 붓고 다시마와 표고버섯 가루를 넣고 끓으면 다시마는 건진다.

2 풋고추는 송송 썬다. 애호박은 숟가락으로 떠서 된장, 굵은 고춧가루를 넣어 간이 배도록 버무린다.

3 다시마 표고버섯 국물에 된장에 버무린 애호박과 풋고추를 넣어 호박이 익을 때까지 끓인다. 이때 생강즙을 조금 넣으면 된장의 떫은맛이 없어진다.

### 선재 스님의 무공해 손맛

'호박이 넝쿨째 들어온다'는 이야기 들어보셨지요. 이 말 속에는 호박에는 버릴 것이 없다는 뜻이 숨겨져 있습니다. 사실 호박은 열매뿐 아니라 꽃, 그리고 잎까지 모두 먹잖아요. 애호박은 갖은양념에 무쳐 먹어도 좋습니다. 먼저 찜통이나 밥 위에 반으로 길게 가른 애호박을 얹어 찌고, 호박이 익으면 큼직큼직하게 썰어놓습니다. 여기에 간장, 소금, 고춧가루, 깨소금을 뿌려 무친 후 송송 썬 홍고추를 얹어 먹는 것이지요.

# 호박잎국

**호박잎 200g, 굵은 소금 약간, 애호박 1개, 된장 2큰술, 고추장 1큰술, 표고버섯 가루 2큰술**

1 호박잎은 껍질을 벗긴 후 소금을 뿌리고 비벼 부드럽게 한 다음 깨끗이 씻어 먹기 좋은 크기로 뜯는다. 애호박은 반으로 갈라 방망이로 두들겨 잘게 부순다.

2 된장과 고추장을 섞어 물에 풀고 표고버섯 가루를 넣어 끓인다. 끓기 전에 호박잎을 넣고, 어느 정도 끓었을 때 잘게 부순 애호박을 넣어 끓인다. 호박잎에 날콩가루를 무쳐 넣으면 국물 맛이 더 좋다.

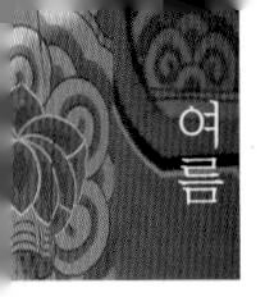

# 쌈 된장찌개

**표고버섯 3장, 풋고추 10개, 된장 4큰술, 감자(중간 크기) ½개, 다시마 국물 ½컵**

1 표고버섯은 물에 한 번 씻었다가 불린 다음 곱게 다진다. 표고버섯 불린 물은 따로 둔다.

2 풋고추는 곱게 다져 된장과 잘 섞는다. 감자는 껍질을 벗겨 강판에 곱게 간다.

3 뚝배기에 다진 표고버섯과 표고버섯 불린 물, 다시마 국물을 붓고 풋고추에 버무린 된장을 잘 풀어 끓인다. 보글보글 끓기 시작하면 불을 줄이고 감자 간 것을 넣어 숟가락으로 눋지 않게 저으면서 서서히 익힌다.

### 선재 스님의 무공해 손맛

사찰의 쌈 된장찌개는 빽빽하고 짠 일반적인 강된장과 달리 감자를 갈아 넣었기 때문에 짜지 않고 맛이 부드러운 것이 특징입니다. 입맛에 따라 감자를 더 갈아 넣어도 되지요. 찜통에 쪄낸 호박잎이나 우엉잎, 또는 양배춧잎 위에 밥을 올리고 그 위에 쌈 된장찌개를 한 숟가락 놓아 쌈을 싸먹으면 더위를 먹어 잃었던 입맛이 금세 돌아온답니다. 참, 밥 위에 콩잎 김치를 얹어 쌈 된장찌개와 먹어도 별미랍니다.

# 풋고추 장떡

**애호박 1개, 풋고추 20개, 홍고추 10개, 밀가루 2컵, 된장 2큰술, 고추장 2큰술, 포도씨유 적당량**

1 호박은 곱게 채썬 다음 1㎝ 길이로 다시 썰고, 청·홍 고추도 같은 크기로 채썬다.

2 밀가루에 된장과 고추장을 넣고 골고루 섞어 되직하게 반죽한다. 장떡 반죽은 채소를 넣으면 묽어질 것을 감안해 되직하게 반죽해야 전을 부쳤을 때 알맞다.

3 밀가루 반죽에 채썬 호박과 청·홍 고추를 넣고 고루 섞는다. 잘 달군 팬에 기름을 두르고 열이 오르면 국자로 반죽을 조금씩 떠 놓아 얇게 부친다.

# 풋콩 조림

**풋콩 2컵, 집간장 3큰술, 조청 2큰술, 유기농 설탕 ½큰술, 참기름 약간**

풋콩은 껍질을 벗겨 깨끗이 손질하여 냄비에 담고 물을 자작하게 부어 끓으면 뚜껑을 연다. 물을 조금만 남기고 따라버린 후 집간장과 조청을 넣고 뚜껑을 연 채 은근히 조린다. 끝으로 설탕, 참기름을 조금씩 넣는다.

# 풋콩국 옹심이

**풋콩 2컵, 오이 1개, 찹쌀가루 1컵, 녹말·소금 약간씩**

1 풋콩을 삶는다. 콩은 우르르 삶아 얼른 찬물에 담가 식혔다가 손으로 비벼 껍질을 벗긴다. 찬물에서 껍질을 벗겨야 쉽다. 손질한 풋콩에 물을 조금 붓고 믹서에 간 후 체에 거른다. 이때 참깨를 함께 넣어도 맛있다.

2 오이는 강판에 간다. 여기에 찹쌀가루를 넣어 말랑말랑하게 반죽해 옹심이를 만든다. 찹쌀로 반죽한 옹심이를 그대로 끓는 물에 익히면 엉겨붙기 쉬우므로 쌀가루나 녹말에 한 번 굴려준다.

3 끓는 물에 소금을 조금 넣은 후 옹심이를 넣어 떠오르면 찬물을 끼얹고 건져 찬물에 넣어 식힌다. 그래야 서로 붙지 않는다. 옹심이는 한꺼번에 많이 만들어 삶은 상태로 냉동실에 넣어두고 콩국에 말아 먹으면 편리하다. 풋콩국에 소금으로 간을 하고 찹쌀 옹심이를 띄워 먹는다.

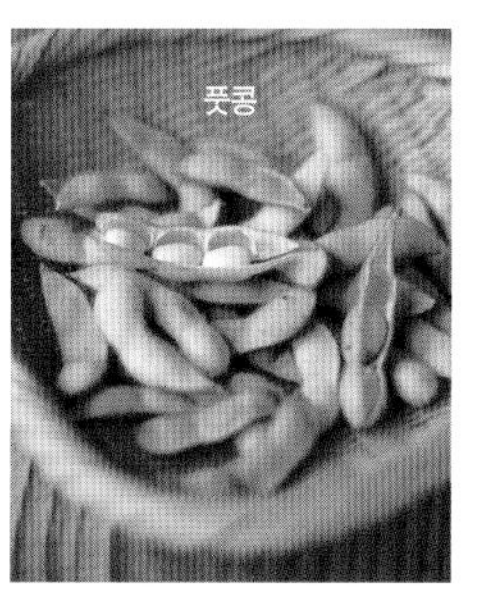


## 음식이 약이다 | 풋콩

풋콩은 일반 콩에 비해 맛이 부드러울 뿐 아니라 영양 성분도 세 배 이상 많고, 콜레스테롤을 낮춰주는 역할을 한다. 특히 콩은 '밭의 고기' 라고 부를 만큼 단백질이 풍부해 단백질 소모량이 많은 여름철에 먹으면 좋다. 찹쌀은 콩과 함께 먹으면 소화가 더 잘되는데 인절미에 콩고물을 묻혀 먹거나 콩국에 찹쌀 옹심이를 말아 먹는 것도 같은 이치다.

# 차조기 옥수수전

**옥수수 4개, 차조기잎(자소) 10장, 밀가루 · 소금 · 포도씨유 약간씩**

1 옥수수는 칼로 알맹이만 훑어 믹서에 넣고 물을 조금 붓고 갈아 체에 거른다. 차조기잎은 채썬다.

2 옥수수 간 것에 끈기가 생길 만큼의 밀가루를 넣고 소금간해 반죽한다. 팬에 기름을 두르고 반죽을 한 숟가락씩 떠놓은 다음 한쪽이 익으면 채썬 차조기잎을 얹은 후 뒤집어 노릇노릇하게 부친다.

### 음식이 약이다 | 옥수수

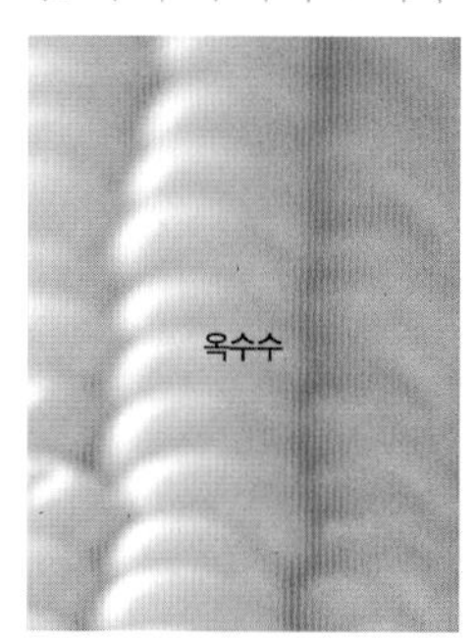
옥수수

옥수수는 주성분이 탄수화물이라 열량은 쌀과 비슷하지만 단백질의 질은 떨어진다. 특히 필수 아미노산인 트립토판과 라이신이 부족하므로 이 성분이 풍부한 우유와 함께 먹는 것이 좋다. 옥수수 씨눈에는 피부 건조와 노화를 예방하는 비타민E가 풍부한 기름이 들어 있다.

# 옥수수 된장 수제비

**옥수수 2개, 밀가루 3컵, 소금 약간, 미역 100g, 애호박 ½개, 된장 2큰술, 고추장 1큰술, 참기름 1큰술, 다시마(20cm) 1장**

1 노란 옥수수를 써야 색이 예쁘다. 알만 칼로 긁어 믹서에 물을 조금 넣고 간다. 여기에 밀가루를 넣고 소금 간하여 말랑하게 반죽해 냉장고에 30분간 넣어둔다.

2 미역은 물에 씻었다 건져 잘게 썬다. 애호박은 반달 모양으로 썬다. 된장과 고추장을 잘 섞은 후 참기름을 넣어 기름이 뜨지 않도록 골고루 섞는다.

3 냄비에 물과 다시마를 넣고 끓으면 다시마는 건지고 된장, 고추장 섞은 것을 풀어 다시 끓기 시작하면 미역을 넣고 5분간 더 끓인다.

4 ①의 반죽에 찬물을 한 번 부었다 따른 다음 얇게 떼어 수제비를 떠 넣은 후 애호박을 넣어 좀 더 익힌다.

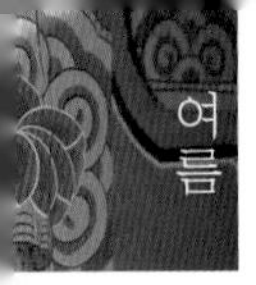

# 차조기죽

**쌀 1컵, 물 6컵, 차조기잎 20장, 소금 약간**

쌀은 씻어서 1시간 정도 불리고, 차조기잎은 채썬다. 냄비에 불린 쌀과 분량의 물을 붓고 끓이다가 푹 퍼지면 차조기잎을 넣고 불을 끈 다음 소금간한다. 현미찹쌀을 쓸 때는 8배의 물을 붓고 끓인다.

# 차조기전

**차조기잎 20장, 밀가루 1컵, 소금 · 포도씨유 약간씩**

차조기잎은 깨끗이 씻어 물기를 없앤다. 밀가루에 물을 붓고 소금간해 국자로 떴을 때 흐를 정도의 반죽을 만든다. 차조기잎을 밀가루 반죽에 넣었다가 꺼내 기름을 살짝 두른 팬에 놓고 하나씩 앞뒤로 부친다.

## 불가의 먹을거리 지혜

부처님께서는 죽식을 권하며 열 가지 공덕을 그 이유로 드셨습니다. 첫째 안색을 좋게 한다, 둘째 힘이 넘친다, 셋째 오래 산다, 넷째 안락해진다, 다섯째 말소리가 상쾌해진다, 여섯째 소화가 원활해진다, 일곱째 감기에 잘 걸리지 않는다, 여덟째 공복감을 없앤다, 아홉째 목마름을 없앤다, 열 번째, 대소변을 잘 조정한다입니다. 특히 아침 죽식은 위의 부담없이 뇌의 활동에 필요한 탄수화물을 공급할 수 있는 최고의 방법입니다.

## 음식이 약이다 | 차조기

차조기

차조기의 한자 이름은 '자소'이다. 죽은 사람도 살려낸다는 중국의 명의 화타가 게를 먹고 탈이 난 사람들을 바로 차조기 달인 물로 고쳤다고 한다. 화타는 환자를 치료하면서 '이 보랏빛 약초를 환자가 먹으니 속이 편해지는구나'라는 생각에 자서(紫舒)라고 이름 붙였고 시간이 흐르면서 자소(紫蘇)라고 불리게 되었다. 이렇듯 차조기는 해독작용이 뛰어나므로 회나 고기를 먹을 때 싸 먹으면 좋다. 동맥경화를 치료하는 데도 효과가 있는 것으로 알려져 있으며, 부처님께서는 가을에 흔하던 유행성 열병의 치료약으로 차조기 열매(범어로 팟다무카타)를 썼다고 한다.

차조기는 우리나라 여러 지방에서 저절로 나서 자라기도 하고, 밭에 심어 가꾸기도 한다. 잎이나 꽃 등은 들깨를 닮았는데 줄기와 잎이 보랏빛이라는 게 다른 점이다. 잎의 보랏빛이 진하고, 잎 뒷면까지 보랏빛이 나는 것이 좋다. 차조기 씨에서 기름을 짜는데 강한 방부작용이 있어 간장에 부어두면 오래 두어도 상하지 않는다. 차조기잎은 말려서 차를 끓여 먹기도 하는데 감기가 걸렸을 때 최고의 약이기도 하다. 오한으로 온 몸이 쑤시고 콧물이 나오며 가슴이 답답하고 목이 마를 때 차조기잎을 달여 마시고 땀을 푹 내고 나면 개운해진다.

차조기는 영양도 풍부해 비타민A는 당근보다 많으며, 비타민C의 함량도 높다. 그밖에 칼슘, 인, 철 등 미네랄이 많이 들어 있어 식욕부진, 두통, 이뇨 등의 증상 치료에 쓰인다.

오디차
솔잎차
복분자차

# 복분자차 · 오디차

**복분자(오디) 1kg, 유기농 황설탕 1kg**

복분자(오디)는 물에 흔들어가며 씻은 후 물기를 뺀다. 물기를 깨끗하게 닦은 유리병에 복분자와 유기농 황설탕을 켜켜이 담고 뚜껑을 꼭 닫아둔다. 찻잔에 한 숟가락씩 덜어 찬물에 타 마신다.

# 솔잎차

**솔잎 1kg, 생수 1 l, 유기농 황설탕 500g, 꿀 500g**

1 솔잎차는 재료도 중요하지만 담는 용기가 깨끗해야 한다. 김치나 장 담그는 독 등을 사용하면 맛을 그르치므로 깨끗한 무공해 독이나 유리병을 준비한다.

2 솔잎은 끄트머리에 검정 껍질이 보이지 않도록 뽑아 깨끗이 씻어 소쿠리에 담아 물기를 뺀다. 솔잎과 같은 양의 생수에 유기농 황설탕과 꿀을 진하게 탄다.

3 항아리에 솔잎을 넣은 후 솔잎이 떠오르지 않게 깨끗한 돌로 눌러놓고 유기농 황설탕과 꿀을 탄 물을 부어 보관한다. 시원한 지하실에서 1백 일 정도 저장해 숙성시키고, 그 후에 한 번 걸러 냉장고에 넣어 보관한다.

### 선재 스님의 무공해 손맛

6월쯤 붉게 익은 복분자는 차나 술을 담그기 제격입니다. 복분자 속에는 단백질, 지방, 당분, 섬유질, 비타민 등이 고루 들어 있는데 피부를 윤택하게 하므로 여성들에게 특히 좋습니다. 여름에 열리는 뽕나무 열매인 오디는 더위를 먹었을 때나 빈혈 치료에 효과가 있는데 여러 가지 병의 침입을 막을 뿐 아니라 눈과 귀를 밝게 하는 자양강장제이기도 합니다.

선방에서 정진하시는 스님들은 혈액순환에 도움이 되는 솔잎차를 즐기십니다. 솔잎이 가장 좋은 6월에 많이 담그는데 솔잎을 좋은 물에 씻어야 제 맛이 납니다. 솔잎차를 만드는 방법에는 몇 가지가 있습니다. 첫째 가지치기를 할 때 소나무를 가지째 씻어 항아리에 담고 유기농 황설탕을 넣고 끓인 물을 부어 한김 나가면 밀봉하는 것입니다. 둘째 맑은 물에 씻어 말린 솔잎과 토종꿀을 2:1 비율로 섞어 차를 만드는데 이때 꿀은 밀랍째 넣습니다. 1백 일 정도 숙성시키면 솔잎 농축액이 나오는데 얼음물에 타 마시면 향기가 더 좋지요. 마지막 방법은 솔잎을 절구에 빻아 만든 솔잎즙을 솔잎과 켜켜이 넣은 뒤 유기농 황설탕과 꿀을 붓고 돌로 눌러놓는 것입니다.

제호탕
송화 밀수

# 제호탕

**꿀 20컵, 오매(烏梅) 400g, 백단향(白檀香) 32g, 축사(縮砂) 16g, 초과(草果) 12g**

오매, 백단향, 축사, 초과 등은 한약상에서 구입해 각각 가루를 낸다. 솥에 꿀을 넣고 약한불에서 살짝 데운 다음 가루를 낸 약재에 탄다. 제호탕은 백자 항아리에 보관해야 맛과 향이 유지된다. 냉수 1컵에 제호탕을 한 숟가락씩 떠 넣고 가루를 녹여 마신다.

# 송화 밀수

**송화가루 200g, 꿀 400g**

송화가루와 꿀을 섞어 단지에 넣는다. 찻잔에 한 수저씩 덜어 찬물에 타서 마신다.

# 수박 주스·수박 잼

**수박·유기농 설탕 적당량**

1 잘 익은 수박의 속을 숟가락으로 긁은 후 베보에 내려 국물만 받는다. 냉장고에 넣어 차게 해서 먹는다.

2 수박은 겉껍질을 벗겨내고 흰 속껍질만 잘게 썰어, 수박 주스를 내고 남은 건지와 섞는다.

3 냄비에 ②와 ②의 $\frac{2}{3}$ 분량의 유기농 설탕을 넣고 나무주걱으로 저어가며 은근한 불에 조려 수박 잼을 만든다.

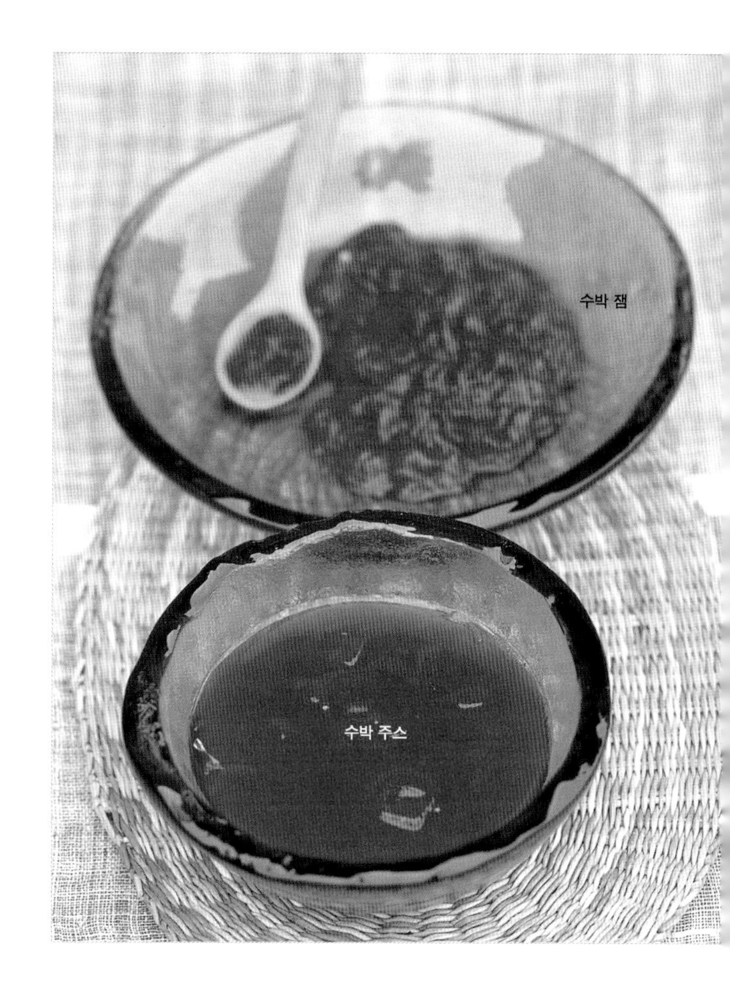


## 선재 스님의 무공해 손맛

음력 5월 5일 단오를 중오절(重五節), 우리말로 수릿날이라고도 합니다. 마시면 정신이 맑아진다고 해서 '제호관정(醍醐灌頂)' 이라고도 불린 제호탕은 이날 만들어야 가장 약효가 좋다지요. 더위에 기력이 쇠진해졌을 때 마시면 갈증이 사라지면서 식욕도 나고, 소화도 잘된답니다. 노인부터 어린아이까지 누구나 마실 수 있는 최고의 청량음료인 셈이지요.
수분도 많고, 성질이 차 몸을 냉하게 만들어주는 수박은 최고의 여름 과일입니다. 특히 더위를 먹었을 때는 수박 주스를 드세요. 수박의 겉껍질로는 차를 만듭니다. 그대로 또는 말린 수박 겉껍질에 물을 조금 넣고 끓이면 신장염에 효과가 있는 약차가 되는데 아이에게는 꿀을 조금 타서 주면 쉽게 마실 수 있습니다. 몸이 냉한 분은 수박의 흰 속껍질을 끓인 다음 걸러 즙을 내어 마시는데 역시 신장염의 치료에 도움이 됩니다.

# 수박껍질 무침

**수박 속껍질 400g, 고추장 4큰술, 참기름 1/2큰술, 통깨·소금 약간씩**

수박은 하얀 속껍질만 벗겨 채썰어 소금을 뿌려 살짝 절였다가 손으로 꼭 짠다. 고추장을 넣어 무친 후 참기름, 통깨를 넣는다.

음식이 약이다 | 골담초 꽃

골담초 꽃

5월에 꽃이 피기 시작하는 골담초 꽃은 처음에는 황색이었던 꽃이 적황색으로 변하며 아래로 점점 늘어진다. 꽃받침은 종모양이고, 갈색 털이 약간 있는데 주로 꽃을 먹는다. 한방에서는 뿌리를 달여 류머티즘 치료제로 쓴다.

# 수박껍질 무생채 골담초 무침

**수박 속껍질 200g, 무 200g, 비트 50g, 골담초 꽃 30g, 유기농 설탕 2큰술, 식초 2큰술, 소금 1/2큰술**

1 수박의 하얀 속껍질과 무는 곱게 채썬다.

2 비트는 강판에 갈아 거즈에 내려 채썬 무와 수박에 각각 넣어 물들인다.

3 골담초 꽃은 깨끗이 씻어 소쿠리에 건진다.

4 수박껍질과 무채에 각각 유기농 설탕, 소금, 식초를 넣고 무쳐서 접시에 담고 골담초 꽃을 얹어 낸다.

## 가지 양념구이

**가지 3개, 양념장(집간장 2큰술, 고춧가루·통깨·참기름 1작은술씩, 생강즙 약간), 포도씨유 약간**

**1** 가지는 중간 굵기의 것을 골라 씻어 반으로 가른 다음 김이 오른 찜통에 넣어 찐다. 가지찜을 할 때는 푹 찌지만 양념구이는 나중에 다시 구워야 하므로 살짝만 쪄도 된다. 찐 가지가 식으면 물기를 짜고 손으로 넓적하게 편다. 집간장에 고춧가루, 생강즙, 통깨, 참기름을 넣고 섞어 양념장을 만든다.

**2** 넓게 편 가지 안쪽에 양념장을 바른다. 잘 달군 팬에 기름을 두르고 양념장을 바른 가지를 놓아 살짝 굽는다. 이때 양념이 묻지 않은 뒤 부터 굽고 뒤집어 살짝 구워야 타지 않는다. 팬에서 꺼낸 후 다시 한번 양념장을 바르고 적당한 크기로 잘라 접시에 담는다.

## 가지 냉국

**가지 2개, 오이 1/2개, 집간장 1/2큰술, 식초 2큰술, 유기농 설탕 1큰술, 통깨·소금 약간씩, 물 4컵**

**1** 가지는 적당한 크기로 잘라 김이 오른 찜통에 넣어 푹 찐다. 충분히 찌지 않으면 가지의 색이 검게 변한다. 오이는 곱게 채썬다.

**2** 가지가 식으면 잘게 찢어 집간장, 식초, 유기농 설탕, 통깨, 소금을 넣어 무친다. 그릇에 무친 가지와 오이를 함께 넣어 물을 붓고 얼음을 띄운 후 소금으로 간한다.

### 음식이 약이다 | 가지

가지는 표면에 흠집이 없고, 광택이 나며 짙은 보라색으로 살이 단단하고 무거운 것이 신선하다. 옛날에는 가지를 밥솥 위에 얹어 찐 것을 가늘게 찢어 갖은양념에 무쳐 먹었다. 또 햇볕에 말린 가지는 불려서 기름을 넉넉히 두르고 볶아 대보름의 아홉 가지 나물 중 하나로 쓰는데 약간 질기면서 씁쓸한 것이 생가지와는 전혀 다른 맛을 낸다. 비타민이 채소류 중 가장 적을 정도로 별다른 영양가는 없지만 콜레스테롤 수치를 낮추고, 동맥경화 등 순환기 계통의 질환을 예방하는 데 도움이 된다. 그래서 예부터 중국에서는 고혈압을 치료하는 약으로도 이용해왔다. 민간요법에서는 가지 꼭지를 기침 치료에 이용하는데, 가지 자체는 오히려 기침을 심하게 할 우려가 있다.

# 표고버섯 냉면

**냉면 국수 4인분, 표고버섯 10장, 오이 1/2개, 배 2개, 포도씨유 5큰술, 들기름 5큰술, 고춧가루 4큰술, 집간장 1 1/2큰술, 통깨·식초·소금 약간씩**

1 표고버섯은 물에 불려 채썬다. 오이는 곱게 채썰고, 배는 강판에 갈아 즙을 낸다.

2 두꺼운 냄비에 포도씨유를 붓고 끓으면 표고버섯을 넣고 노릇노릇하게 볶는다. 표고버섯이 거의 다 볶아지면 고춧가루를 넣는데, 고춧가루만 넣어 볶으면 타기 쉬우므로 들기름을 넣고 약한불에서 타지 않게 볶는다. 오래 볶으면 표고버섯이 꼬들꼬들해지면서 구수한 맛이 난다. 여기에 집간장을 부어 국물이 걸쭉하게 되도록 한 번 더 볶은 후 불을 끈다.

3 ②에 배즙을 섞고 소금, 식초, 통깨를 더해 양념장을 만든다. 식성에 따라 겨자를 넣기도 한다.

4 물이 팔팔 끓을 때 냉면 국수를 넣는다. 다시 끓어오르면 젓가락으로 한 번 저어주고, 또 다시 끓어오르면 찬물을 얼른 붓고 국수를 소쿠리에 건져내어 찬물에 헹군다. 손으로 주물러 맑은 물이 나올 때까지 헹궈 사리를 지어놓는다.

5 그릇에 냉면 국수를 담고 ③의 양념장을 듬뿍 얹은 다음 채썬 오이를 얹어 낸다.

## 선재 스님의 무공해 손맛

냉면은 대표적인 여름 음식이지만 쉽게 탈이 나는 게 단점입니다. 하지만 표고버섯 냉면은 자주 먹어도 탈이 나지 않습니다. 들기름에 볶은 표고버섯으로 양념장을 만들기 때문인데 찬음식인 냉면에 들기름이 따뜻한 기운을 더해주거든요.

# 과일 잡채

**참외 1개, 복숭아 1개, 천도 복숭아 1개, 밤 4개, 대추 4개, 잣 1큰술, 유기농 설탕 약간, 국물(배즙 1/2컵, 오미자 우린 물 2컵, 꿀 2큰술, 식초 2큰술, 발효 겨자 1/2큰술, 생강즙 약간)**

1 참외, 복숭아, 천도 복숭아는 깨끗이 씻어 껍질째 나박썰어 유기농 설탕을 조금 뿌려 살짝 절인다. 밤은 껍질을 벗긴 후 얇게 저미고, 대추는 돌려 깎아 채썬다.

2 국물의 재료인 배즙, 오미자 우린 물, 꿀, 발효 겨자, 생강즙, 식초를 잘 섞어둔다.

3 큰 그릇에 손질한 과일을 돌려 담고 국물을 부은 후 채썬 밤과 대추, 잣을 뿌려 장식한다.

## 선재 스님의 무공해 손맛

냉면은 대개 여름에 즐기지만, 고향이 북쪽인 사람들은 추운 겨울 찬 동치미국에 말아 먹는 냉면이 진짜라고 하더군요.
냉면상을 차릴 때는 식성에 맞게 먹을 수 있도록 식초, 설탕, 겨자를 준비하고 동치미나 물김치를 곁들여 냅니다. 겨자 발효시키는 법 알고 계신가요. 겨자가루를 뜨거운 물에 되직하게 개어 그릇 안쪽에 붙인 후 이를 물이 끓고 있는 냄비의 뚜껑 위에 뒤집어 엎어 올려 찝니다. 40분 정도 지나면 겨자가 쪄지는데 이때 반드시 뜨거운 물을 그릇에 한 번 부었다가 따라 내야 합니다. 그래야 겨자의 씁쓸한 맛이 없어져 음식의 제 맛을 상하게 하지 않거든요. 냉면 국수는 너무 삶으면 맛이 없고, 너무 안 삶아지면 질기므로 국수의 심이 조금 남아 있을 정도로 약간 덜 삶아졌다 싶을 때 건져 헹궈내는 게 요령이지요. 또 한꺼번에 많은 양의 냉면 국수를 삶을 때는 끓는 물에 포도씨유를 몇 방울 떨어뜨리면 엉겨붙지 않고 잘 삶아집니다. 속가에서는 고기를 먹고 입가심으로 냉면을 먹는데 메밀에 육류의 지방분을 제거하는 성분이 들어 있기 때문이랍니다.

# 잣 콩국수

**잣 $\frac{1}{2}$컵, 콩(대두) 1컵, 국수(소면) 300g, 오이 $\frac{1}{2}$개, 소금 약간**

1 콩은 깨끗이 씻어 물에 4~5시간 정도 불린다. 오이는 깨끗이 씻어 곱게 채썬다.

2 냄비에 불린 콩과, 콩보다 조금 더 많은 양의 물을 붓고 끓인다. 끓어오르면 냄비 뚜껑을 열고 한두 개 먹어보아 비린내가 나지 않으면 불을 끈다. 콩물이 넘치기 쉬우므로 뚜껑을 열고 삶는다. 삶은 콩은 찬물에 헹구면서 손으로 비벼 껍질을 벗긴다. 믹서에 콩과 잣을 함께 넣고 물을 조금 부은 후 곱게 간다.

3 끓는 물에 국수를 넣어 삶는다. 끓어오르면 찬물을 붓고 한 번 더 끓어오르면 다시 찬물을 붓는다. 국수를 한두 가닥 건져 찬물에 넣었을 때 색이 투명하면 모두 건져 찬물에 헹궈 사리를 짓는다.

4 그릇에 국수를 담고 ②의 잣 콩물을 부은 후 그 위에 채썬 오이를 얹는다. 먹을 때 소금으로 간을 맞춘다.

### 선재 스님의 무공해 손맛

콩은 덜 삶아지면 비리고 너무 삶으면 고소한 맛이 없습니다. 끓는 물에 콩을 넣고 다시 끓어오른 후 2분 이내에 콩을 건져야 맛있지요. 콩이 고소한 맛이 덜하면 참깨를 넣고 같이 갈아도 되며, 풋콩으로 만들어도 좋습니다.

# 냉잡채

**당면 $\frac{1}{2}$봉지, 표고버섯 8장, 양배춧잎·적채 4장씩, 오이 $\frac{1}{2}$개, 상추·깻잎 8장씩, 팽이버섯 1봉지, 포도씨유 약간, 표고버섯 양념(집간장 $\frac{1}{2}$큰술, 참기름 1작은술), 잡채 양념(과일즙 $\frac{1}{2}$컵, 집간장 1큰술, 유기농 설탕 $\frac{1}{2}$작은술, 식초 2큰술)**

1 당면은 찬물에 가지런히 넣어 불렸다가 먹기 좋게 2~3등분하여 끓는 물에 데쳐 물기를 뺀다. 이때 당면을 충분히 삶아야 시간이 지나도 맛이 부드럽다.

2 표고버섯은 불려 꼭 짜 채썬 후 집간장, 참기름에 무쳐 기름 두른 팬에 볶는다. 양배추, 적채, 오이, 상추, 깻잎은 채썬다. 팽이버섯은 밑동을 잘라 손으로 찢는다.

3 사과, 배, 복숭아 등 먹다 남은 과일을 믹서에 갈아 즙을 낸다. 여기에 집간장, 유기농 설탕, 식초를 넣고 새콤달콤하게 잡채 양념을 만든다. 큰 접시에 손질한 재료를 돌려 담고, 가운데 당면을 놓은 후 양념을 끼얹는다.

### 선재 스님의 무공해 손맛

포도 주스 만드는 법 알려드릴게요. 포도는 통째로 씻은 후 알알이 따서 다시 한번 씻어 냄비에 넣고 끓입니다. 한번 우르르 끓으면 불을 끄고 체에 밭쳐 포도물을 받아 다시 냄비에 부어 끓이는데 이때 꿀을 넣습니다. 거의 다 끓으면 저민 생강을 넣고 얼른 불을 꺼 체에 걸러 식힌 후 병에 넣어두고 먹습니다. 건져낸 생강은 버리지 말고 말렸다가 차를 끓여 드세요.

# 감자찜

**감자 10개, 소금 약간, 양념장(집간장 2큰술, 고춧가루 1작은술, 통깨 약간, 다진 청 · 홍 고추 ½개씩)**

**1** 감자는 껍질을 벗기고 적당한 크기로 잘라 녹즙기에 내려 국물은 그대로 두어 녹말을 가라앉히고, 건지는 따로 둔다. 강판에 갈면 입자가 거칠어 쪘을 때 잘 퍼져 좋지 않다. 건더기, 가라앉은 녹말, 소금을 섞어 반죽을 한다. 반죽이 좀 진 듯해야 쪘을 때 맛있다.

**2** 반죽으로 얇게 반대기를 빚어 김이 오른 찜통에 넣어 찐다. 크게 만들어 잘라내도 되고, 한입 크기로 빚어서 쪄도 좋다. 손에 물을 발라가며 접시에 담는다. 분량의 재료를 섞어 만든 양념장과 함께 낸다.

# 오이 옹심이 미역국

**마른 미역 15g, 표고버섯 6장, 오이 ½개, 찹쌀가루 1컵, 녹말 약간, 집간장 1큰술, 들기름 1큰술**

**1** 마른 미역은 물에 씻어 살짝 불린 후 물기를 꼭 짠 다음 적당한 크기로 썰어 집간장, 들기름을 넣고 조물조물 무친다. 너무 오래 불리면 미역이 퍼져 맛이 없다. 표고버섯은 불려서 채썬다.

**2** 오이는 강판에 갈아 찹쌀가루를 넣고 반죽해 옹심이를 만든다. 녹말에 한 번 굴린 다음 끓는 물에 넣고 떠오르면 꺼내 찬물에 한 번 헹궈둔다.

**3** 표고버섯 불린 물에 채썬 표고버섯을 넣고 끓인다. 끓기 시작하면 양념한 미역을 넣고 10분 정도 끓인다. 그릇에 옹심이를 담고 국물을 부어 낸다.

### 선재 스님의 무공해 손맛

미역은 비타민과 무기질이 풍부하면서 칼로리는 낮은 다이어트 식품입니다. 게다가 몸 속의 유해 성분들을 배출시켜 당뇨병, 고혈압, 암 등 성인병을 예방해주지요. 시중에서 파는 미역 중에는 한 번 삶아 포장한 것이 많습니다. 그런데 주부들은 미역을 물에 오래 불리기까지 해서 국을 끓이니 영양분의 손실이 얼마나 많겠어요. 때문에 마른 미역은 물에 씻어 살짝만 불려 쓰는 것이 좋습니다. 미역 불린 물도 버리지 마시고요. 예를 들어 옹심이를 만들 때 미역 불린 물에 반죽하면 영양소를 온전히 섭취할 수 있으니까요. 또 많은 분들이 미역을 간장과 기름에 볶다가 물을 부어 국을 끓이던데 이렇게 하면 나중에 국물에 기름이 떠서 개운한 맛이 덜하지요. 그렇다고 미역을 그냥 넣으면 뻣뻣해져서 맛이 없습니다. 저는 미역을 간장, 참기름에 무쳐 양념이 배게 두었다가 국물이 끓을 때 넣어 미역국을 끓인답니다. 이렇게 하면 미역도 부드럽고 기름기가 뜨지 않아 국물도 맑답니다. 미역은 찹쌀, 식초, 들기름과 함께 먹었을 때 소화흡수가 가장 잘된답니다. 미역국을 끓일 때 들기름을 넣거나 찹쌀 옹심이를 띄워 먹고, 냉채를 할 때 식초에 무치는 이유가 바로 그것입니다.

# 쇠비름 겉절이와 초고추장 무침

**쇠비름 400g, 소금 약간, 겉절이 양념(고춧가루 ½큰술, 집간장 1큰술, 물 2큰술, 유기농 설탕 1작은술, 식초 1작은술, 통깨 약간), 초고추장(고추장 2큰술, 유기농 설탕 1작은술, 식초 1작은술, 통깨 1큰술)**

1 쇠비름은 양을 반으로 나눠 반은 옅은 소금물에 담갔다가 건져 분량의 겉절이 양념에 버무린다.

2 남은 쇠비름은 팔팔 끓는 물에 소금을 넣고 살짝 데쳐 찬물에 씻어 건진다. 너무 오래 데치면 물러버린다. 물기를 살짝 짠 후 초고추장 양념을 넣어 무친다.

쇠비름 겉절이

쇠비름 초고추장 무침

# 생채소 비빔밥

**쌀 2컵, 다시마(10cm) 1장, 깻잎 8장, 당근 50g, 오이 ½개, 양상추 4장, 차조기 10장, 고추장 6큰술**

불린 쌀에 다시마를 한 장 얹어 고슬고슬하게 밥을 짓는다. 채소는 각각 채썬다. 그릇에 밥을 담고 준비한 채소를 돌려 담은 후 고추장을 곁들여 낸다.

## 음식이 약이다 | 쇠비름

쇠비름

91세 된 노스님이 질경이와 함께 즐겨 드시던 음식이 바로 쇠비름이다. 경기도 사람들은 잎이 큰 비름나물을 좋아하는 데 반해 경상도 사람들은 쇠비름을 즐긴다. 말의 이빨처럼 생겼다고 해서 '마치현(馬齒顯)', 또 쇠비름을 먹으면 장수한다고 해서 '장명채(長命菜)'라 하기도 한다. 쇠비름은 대소변의 배설을 도와 대장암 예방의 효과가 있으며, 마음을 맑게 하고, 저혈압·변비·대하 등의 증세 치료에도 도움을 준다. 특히 종기가 났을 때는 쇠비름을 짓찧어 상처에 붙이면 낫는다고 하며, 이질이 걸렸을 때는 삶아 먹으면 효과가 있다고 한다. 쇠비름은 오행초라고도 하는데 이는 다섯 가지 색깔, 즉 음양오행설에서 말하는 다섯 가지 기운을 다 지니고 있기 때문이다. 실제로 잎은 파랗고, 꽃은 노랗고, 뿌리는 하얗고, 줄기는 빨갛고, 씨앗은 까맣다. 소금물에 데쳐 말렸다가 묵은 나물로도 먹는다.

# 노각 무침

**노각(늙은 오이) 500g, 소금 약간, 양념장(고추장 2큰술, 유기농 설탕 1/2큰술, 식초 1큰술, 통깨 약간), 참기름 약간**

1 노각은 껍질을 벗기고 씨 부분은 없앤 후 채썬 다음 소금을 뿌려 살짝 절였다가 물기를 꼭 짠다.

2 고추장에 유기농 설탕, 식초, 통깨를 넣어 양념장을 만든다. 노각을 양념장에 살살 버무린 후 참기름을 넣는다.

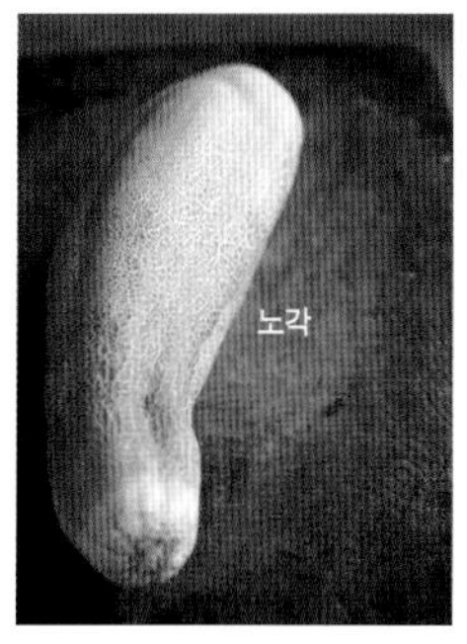


음식이 약이다 | 노각

껍질이 누렇게 익을 때까지 놔두었다가 늦여름에 먹는 노각(늙은 오이)은 껍질을 벗겨 고추장에 무쳐 먹는 게 일반적이다. 오이는 신진대사를 활발하게 하고, 피로해소에 도움을 줄 뿐 아니라 찬 성질이 있으므로 목이 마르고 목구멍이 아플때, 가슴이 답답할 때, 여름철에 더위 먹었을 때 가장 좋은 식품이다. 특히 더위를 먹어 가슴이 답답하고 소화가 안될 때 늙은 오이의 씨 부분만 긁어내고, 즙을 내어 마시면 금방 가라앉는다.

# 도토리묵 냉채

**도토리묵 1모, 오이 1/2개, 김 2장, 국물(물 1컵, 집간장 1/2큰술, 고춧가루 1/2큰술, 식초·유기농 설탕·소금 약간씩)**

1 도토리묵과 오이는 채썰고, 김은 불에 구워 부순다.

2 분량의 재료로 국물을 만들어 차게 식힌다.

3 도토리묵에 양념한 국물을 붓고 채썬 오이와 김을 올려 차게 낸다.

# 알감자 조림

**알감자 600g, 올리브유 4큰술, 집간장 2큰술, 조청 2큰술**

1 알감자는 씻어서 물기를 뺀다. 냄비에 올리브유를 두르고 감자 껍질이 쪼글쪼글해질 정도로 볶는다. 감자에 푸른색이 돌 경우 한 번 삶은 후 볶는 것이 좋고, 기름기를 싫어할 경우 데친 후 조린다.
2 어느 정도 볶아졌을 때 집간장을 넣고 물을 부어 끓인다. 국물이 반쯤 졸아들면 조청을 두세 번에 나눠 넣는데 뒤적이면서 껍질이 벗겨지지 않도록 조심한다.

# 말린 도토리묵 볶음

**말린 도토리묵 1봉지, 꽈리고추 4개, 들기름 2큰술, 집간장 1큰술, 조청 1큰술**

1 도토리묵은 끓는 물에 삶아 부드러워지면 건진다.
2 잘 달군 팬에 들기름을 두르고 도토리묵을 넣어 볶다가 집간장, 조청을 넣고 마지막으로 꽈리고추를 넣는다. 팬의 뚜껑을 잠시 덮어 부드러워지도록 익히고 국물이 졸아들면 불을 끈다.

# 깻잎 장아찌

**깻잎 30묶음, 된장 2컵, 조청 1/4컵**

깻잎은 깨끗이 씻어 차곡차곡 포갠 후 물기를 털어 단지에 담는다. 깻잎이 보이지 않게 된장을 골고루 펴 담고 그 위에 조청을 부어 된장이 잘 스며들게 한다. 4~5일 후부터 먹기 시작한다.

# 꽈리고추 무침

**꽈리고추 200g, 고춧가루 1큰술, 집간장 1/2큰술, 통깨 1큰술, 포도씨유 약간**

1 꽈리고추는 양념이 잘 배도록 양끝을 자른다.
2 팬에 포도씨유를 두르고 꽈리고추를 충분히 볶은 후 뚜껑을 덮고 숨이 죽을 정도로 조금 더 익혔다가 고춧가루, 집간장, 통깨를 넣고 무친다.

깻잎 장아찌
꽈리고추 무침

## 선재 스님의 무공해 손맛

무는 뭐니뭐니 해도 날씨가 선선해지는 가을에 나오는 김장 무가 가장 맛있습니다. 김장을 모두 마친 뒤 잘 여물어 단단한 재래종 무를 소금물에 절여 땅 속에 묻어두었다가 다음해 여름까지도 먹는 것이지요. 무짠지는 다른 김치류에 비해 두 배 이상 소금을 많이 쓰는 것이 특징입니다. 때문에 먹을 때는 항아리에서 꺼내 찬물로 씻어 소금기를 없애주어야 되지요. 그런 다음 채썰어 냉국을 만들거나 고춧가루, 유기농 설탕에 매콤달콤하게 무쳐 내면 입맛 없는 여름철에 훌륭한 반찬이 됩니다.

오이지를 담글 때는 보통 다대기라고 하는, 연두색의 통통하고 짧은 재래종이 적당합니다. 오이지는 오이를 팔팔 끓인 소금물에 담갔다가 건져 단지에 담고 남은 소금물을 붓는데, 무엇보다 염도가 알맞아야 맛있지요. 물과 소금을 4:1 비율로 하는 것이 적당한데 더 짜면 오래 두어도 무르지는 않지만 맛이 없고, 이보다 싱거우면 익기도 전에 물러버린답니다. 이렇게 오이를 소금물에 담가두면 시간이 지나면서 젖산균이 생겨 새콤한 맛이 나고 아삭아삭해집니다. 때문에 식욕을 잃기 쉬운 여름철에 입맛을 돋워주는 데 제격이지요.

## 무짠지

**무 20개, 굵은 소금 2컵**

무는 중간 크기보다 조금 작은 재래종 짠지용 무를 고른다. 무는 자잘한 실털 등은 그대로 두고 상처가 나지 않게 잘 다듬는다. 굵은 소금에 굴려 잘 절인 다음 소금물을 무가 덮일 만큼 붓고, 무가 뜨지 못하게 짚으로 위를 덮어 김칫돌로 눌러둔다.

## 오이지

**오이 30개, 소금 1컵, 물 4컵**

오이는 몸체가 갸름한 짠지용으로 골라 잘 씻는다. 물과 소금을 4:1 비율로 넣고 끓인 물에 오이를 담갔다 바로 건져 단지에 담고 돌로 눌러놓은 다음 뜨거운 소금물을 그대로 붓는다.

## 오이지 무침

**오이지 4개, 고춧가루 ½큰술, 유기농 설탕·통깨·참기름 약간씩**

오이지는 송송 썰어 물에 헹궈 짠기를 뺀 후 꼭 짜서 물기를 없애고 고춧가루, 유기농 설탕, 통깨를 넣어 무친 후 마지막으로 참기름을 두른다.

## 무짠지 무침

**무짠지 1개, 고춧가루 1큰술, 유기농 설탕·통깨·참기름 약간씩**

무짠지는 가늘게 채썰어 물에 담가 짠기를 뺀 후 꼭 짠다. 손질한 무짠지에 고춧가루, 유기농 설탕, 통깨를 넣어 무친 후 참기름을 넣는다.

오이지 무침
무짠지 무침

## 오이 냉국

**오이지 4개, 풋고추 2개, 고춧가루 · 식초 약간씩**

1 오이지는 물에 헹군 다음 송송 썰어 다시 한번 찬물에 넣어 헹군다. 풋고추도 송송 썬다.

2 찬물에 식초를 넣어 맛을 낸 후 오이지와 풋고추를 띄운다. 고춧가루를 조금 뿌린다.

## 무짠지 냉국

**무짠지 1개, 풋고추 2개, 고춧가루 · 식초 약간씩**

무짠지는 곱게 채썰어 물에 헹궈 소금기를 뺀다. 풋고추도 송송 썬다. 찬물에 식초를 넣어 맛을 낸 후 무짠지와 풋고추를 띄운다. 고춧가루를 조금 뿌린다.

## 무 고추장 장아찌

**동치미 무 5개, 고추장 5컵, 갖은양념(고운 고춧가루 · 다진 파 · 다진 마늘 · 유기농 설탕 · 참기름 · 통깨 약간씩)**

동치미 무는 건져 채반에 널어 꾸덕꾸덕해질 때까지 말려 고추장에 박아둔다. 서너 달 정도 지나 무에 간이 배면 꺼내 여분의 고추장은 훑어내고 납작하게 썰어 갖은양념에 무쳐 낸다.

## 오이 고추장 장아찌

**오이지 10개, 고추장 3컵, 갖은양념(고운 고춧가루 · 다진 파 · 다진 마늘 · 유기농 설탕 · 참기름 · 통깨 약간씩)**

오이지는 채반에 널어 꾸덕꾸덕해질 때까지 말려 고추장에 박는다. 서너 달 정도 지나 간이 배면 꺼내 여분의 고추장을 훑고 먹기 좋게 썰어 양념에 무쳐 낸다.

무 고추장 장아찌

오이 고추장 장아찌

# 콩잎 김치

**콩잎 200g, 풋고추 4개, 생강 1톨, 보리쌀 1/4컵, 된장 4큰술**

1 콩잎은 너무 여리면 풋내가 나므로 진녹색이 되기 직전의 것으로 골라 깨끗이 씻어 차곡차곡 개어 물기를 턴 후 소쿠리에 건진다. 풋고추는 반으로 갈라 굵게 채썰고 생강은 곱게 채썬다.

2 보리쌀은 깨끗이 씻어 5배 정도의 물을 붓고 삶아 소쿠리에 밭쳐 국물을 받아 식혀둔다. 이때 남은 보리쌀은 밥할 때 두어 먹으면 된다. 보리 삶은 물이 완전히 식으면 조리를 담근 채로 된장을 푼다. 약간 짜다 싶게 간을 맞춰야 김치를 담갔을 때 맛있다.

3 항아리에 콩잎 대여섯 장과 채썬 고추와 생강을 켜켜이 담는다. 마지막으로 된장 푼 보리물을 콩잎이 잠길 만큼 붓고 손으로 꼭 눌러 콩잎이 뜨지 않도록 한다. 2~3일 후부터 먹을 수 있다.

### 선재 스님의 무공해 손맛

농촌에서는 하얀 콩꽃이 피기 전에 여린 콩잎들을 따줍니다. 콩 열매가 더욱 많이 영글게 하기 위해서죠. 이렇게 딴 콩잎들은 가축의 사료로도 쓰이고, 장아찌나 김치를 담그기도 하지요. 콩잎 김치는 열무김치처럼 국물까지 모두 먹는데, 밥에 콩잎 김치를 얹어 먹으면서 국물을 떠먹기도 하지요. 또 상추쌈처럼 콩잎에 밥과 쌈된장찌개를 얹어 싸 먹어도 별미입니다.

# 콩잎 장아찌

**여린 콩잎 300g, 물 1컵, 집간장 1컵, 고추장 1/2컵, 조청 1컵**

1 여린 콩잎은 깨끗이 씻어 통에 담고 간장을 자작하게 붓는다. 집간장만 쓰면 너무 짜므로 장아찌를 담글 때는 물과 집간장을 1:1 정도의 비율로 섞어 쓴다.

2 하루가 지난 후 간장만 따라내어 끓인 후 식혀 다시 콩잎에 붓는다. 이를 서너 번 반복한다.

3 마지막으로 따라낸 간장에 고추장, 조청을 넣어 함께 끓인 후 식혀 콩잎에 부었다가 먹는다.

# 열무 물김치

**열무 3단, 풋고추 3개, 홍고추 5개, 다진 생강 1큰술, 감자(중간 크기) 4개, 다시마(20cm) 1장, 밀가루 4큰술, 고춧가루 ½컵, 굵은 소금 약간**

1 열무는 다듬어 5cm 길이로 썰고, 청·홍 고추는 어슷 썰고, 생강은 껍질을 벗겨 다진다.

2 냄비에 껍질을 벗긴 감자를 통째로 넣고 물을 넉넉히 부은 후 삶는다. 감자가 어느 정도 익으면 다시마를 넣어 푹 삶는다. 감자 맛이 없어질 정도로 삶아졌다 싶으면 감자만 건지고 밀가루를 풀어 풀국을 끓인다.

3 풀국이 식으면 체에 한 번 내린 후 고춧가루를 풀고, 간을 보아 짜다 싶을 정도로 굵은 소금으로 간한 다음 ①의 고추와 다진 생강을 넣어 버무린다.

4 열무를 먼저 단지에 담은 후 풀국을 붓는다.

### 선재 스님의 무공해 손맛

사찰의 열무김치에는 파, 마늘, 젓갈을 넣지 않으므로 열무의 풋내가 나지 않도록 주의해야 합니다. 씻을 때도 미리 받아놓은 물에 살살 씻고, 소금물에 절일 때에도 뒤적이지 않습니다. 풀국을 쑬 때 감자를 넣으면 구수하면서 단맛을 더할 수 있지요. 그리고 다시마를 넣는데, 발암을 막는 다시마를 많이 먹기 위함입니다. 열무김치는 다음과 같이 국물 없이도 담급니다.

# 열무김치

**열무 3단, 마른 고추 70g, 다진 생강 1큰술, 보리 ¼컵, 물 5컵, 굵은 소금 약간씩**

1 열무는 깨끗이 다듬어 소금물에 절였다 건진다. 마른 고추는 씻어 꼭지를 따고 가위로 잘라 씨를 뺀 후 믹서에 물을 붓고 곱게 간다. 생강은 다진다.

2 보리에 물을 넉넉히 붓고 푹 퍼지도록 삶아 체에 걸러 물만 받아놓는다. 이때 체에 건진 보리는 버리지 말고 밥 지을 때 함께 넣는다. 마른 고추 간 것에 보리쌀 삶은 물, 다진 생강, 소금을 넣고 버무린다.

3 열무를 ②의 양념에 넣었다 건져 단지에 담고 남은 양념을 붓는다. 열무가 익을 때까지 김치통을 움직이지 않아야 맛이 변하지 않는다.

# 더위를 이기는 매실차와 매실 장아찌

여름이면 시장에 풍성하게 등장하는 매실. 매실의 새콤한 맛은 떨어진 입맛을 돋워주는데도 그만일 뿐더러 피로물질인 젖산을 분해해주기 때문에 특히 늘 피곤한 남편이나 공부에 지친 수험생들에게 꼭 필요한 음식이기도 하다. 게다가 매실은 골다공증을 일으키는 칼슘 부족을 예방하는 데도 도움이 된다. 매실 1백g 속에는 다양한 미네랄이 들어 있는데, 그 중에서도 칼슘은 12mg이나 된다. 같은 분량의 포도 속에 6mg, 멜론 속에 3mg이 들어 있는 걸 생각하면 비교적 많은 양인 셈이다. 게다가 매실을 먹게 되면 체액이 알칼리성을 띠게 되어 몸 속의 산성 노폐물 배출을 위해 칼슘을 써야 하는 경우가 줄어들어 칼슘 부족을 예방할 수 있다.

## 매실차

**매실 1kg, 유기농 황설탕 1kg, 차조기 200g**

1 과육이 단단하고 살이 많고, 상처 없는 매실을 골라 물에 재빨리 씻어 소쿠리에 건져 물기를 완전히 뺀다.

2 끓는 물에 넣어 살짝 데친 후 체에 밭쳐 물기를 빼고 포크로 구멍을 송송 뚫는다.

3 물기를 깨끗이 닦은 병에 매실, 차조기, 매실과 같은 양의 유기농 황설탕 순으로 켜켜이 담고 맨 윗부분에는 설탕을 두껍게 덮어 설탕 마개를 해둔다. 일주일 정도 두면 국물이 가라앉는데 이때 위로 뜬 매실은 따로 건진다. 농축액을 한 숟가락씩 덜어 찬물에 타서 마신다.

## 매실 고추장 장아찌

1 차를 담근 매실은 구멍을 뚫었기 때문에 수분이 모두 빠져나가 매우 쪼글쪼글해진 것을 볼 수 있다.

2 조그만 칼로 돌려 깎아 매실의 씨를 뺀다.

3 씨를 뺀 매실은 고추장에 버무려 장아찌를 담그는데 매콤한 맛이 여름철 떨어진 입맛을 돋워준다.

1
2
3
매실차
1
2
3
매실 고추장 장아찌

가을

가을(9월 24일~12월 20일)은 결실의 계절이다. 식물들이 열매를 맺듯 이제껏 축적된 에너지를 이용해 정신활동이 왕성하게 이루어지는 시기이기도 하다. 감, 사과, 배 등 풍부한 영양을 안고 있는 과일들을 즐겨 먹는 것이 몸과 마음의 움직임에 도움이 된다. 또한 봄과 여름의 활발한 신진대사에 의해 몸에 축적된 여러 가지 노폐물을 배출해 세포와 장기를 청결히 해야 할 필요가 있는데 이를 위해서는 우엉, 토란, 버섯 등 섬유질이 많은 음식을 즐겨 먹어야 한다.

# 송편

**멥쌀 8컵(소금 $1\frac{1}{2}$ 큰술), 흑미 멥쌀 2컵(소금 $\frac{1}{2}$ 작은술), 포도 1송이, 데친 쑥 100g, 단호박 $\frac{1}{4}$개, 소(밤 5개, 풋콩 1컵, 참깨 $\frac{1}{2}$컵, 꿀 2큰술, 소금 약간), 포도씨유·참기름 약간씩, 솔잎 적당량**

1 멥쌀은 씻어 일어서 12시간 정도 불린 뒤 소금간해 빻아 체에 내려 4등분한다. 흑미도 씻어 일어서 12시간 정도 불린 뒤 소금간해 빻아 체에 내린다.

2 포도는 통째로 깨끗이 씻어 건져 알알이 딴 후 다시 한번 씻어 냄비에 넣고 약한불에서 껍질이 터질 때까지 끓이다가 체에 밭쳐 포도 주스를 만든다. 처음부터 알을 따서 씻으면 맛이 싱거워지므로 통째로 씻는다. ①의 4등분한 멥쌀가루에 포도 주스를 넣어 반죽한다.

3 쑥은 봄에 어린 것을 따서 소금물에 데쳐 한 번에 쓸 양만큼씩 밀봉해 냉동실에 보관한다. 믹서에 쑥과 물을 조금 넣고 곱게 갈아 4등분한 쌀가루와 반죽한다.

4 단호박은 씻어 반으로 갈라 씨만 빼고 찜통에서 푹 찐 후 속을 파서 체에 내린다. 단호박은 충분히 익혀야지, 덜 익히게 되면 떡반죽이 고르게 되지 않는다. 체에 내린 단호박과 4등분한 멥쌀가루를 섞어 반죽한다.

5 남은 쌀가루와 흑미가루는 각각 따뜻한 물을 넣어 반죽해 젖은 행주로 덮어놓는다.

6 세 가지 소를 만든다. 밤은 껍질을 벗겨 서너 조각으로 썰고, 풋콩은 깨끗이 씻어 소금을 조금 섞어 소쿠리에 건져둔다. 참깨는 마른 팬에 볶은 다음 빻아 소금과 꿀을 넣고 버무린다.

7 색색의 떡반죽을 밤알 크기로 떼어 둥글게 빚은 다음 가운데를 오목하게 파서 그 속에 밤, 깨, 풋콩 등 원하는 소를 넣고 아무려 손 안에 넣고 꼭꼭 쥐어 조개 모양을 낸다. 또는 손사국을 내어 주먹 송편을 만든다. 오른 사진의 송편처럼 다른 색 반죽을 조금씩 떼어 떡에 모양을 내도 재밌다.

8 쟁반에 포도씨유를 바르고 솔잎을 깐 뒤 송편을 서로 닿지 않게 놓는다. 김이 오른 찜통에 쟁반째 올려 약 20분 정도 찐다. 익으면 꺼내 쟁반째 그대로 두었다가 한김 나간 후 솔잎을 떼고 송편에 참기름을 바른다.

## 선재 스님의 무공해 손맛

다 익은 송편은 냉수에 담가 떼어도 되지만 한김 나간 뒤 참기름을 발라 떼어내면 쉬 상하지 않아 좋습니다. 반죽을 할 때는 오래 반죽해야 더 쫄깃하고, 반죽의 정도도 약간 진 듯한 것이 떡을 쪘을 때 더 맛있더군요. 포도 송편은 익으면 색이 더 진해져 참 예쁜데 이밖에 쌀가루에 오미자 우린 물을 섞어 자색 송편을 만들거나 말차나 차 찌꺼기 가루 낸 것을 섞어 녹색 송편을 만들기도 합니다. 팥이나 녹두 찐 것에 소금, 꿀, 계핏가루를 섞은 소를 송편에 넣어도 맛있습니다.

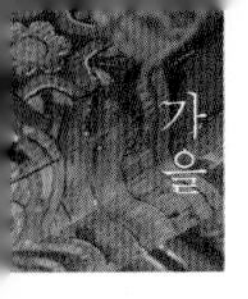


# 녹두 빈대떡

**불린 녹두 2컵, 표고버섯 6장, 도라지 50g, 고사리 50g, 김치 100g, 당근 30g, 숙주 50g, 시금치 1/2단, 소금·집간장·후춧가루·생강즙·포도씨유(또는 들기름) 약간씩**

1 녹두는 맷돌에 거칠게 갈아 하루 정도 물에 담갔다가 불으면 손으로 비벼 껍질을 벗긴 다음 믹서에 물을 조금 넣고 곱게 갈아 냉장고에 둔다.

2 표고버섯은 물에 불려 꼭 짠 후 채썰어 소금을 조금 넣고 볶는다.

3 도라지는 돌려가며 껍질을 벗긴 후 소금을 뿌려 조물조물 주물러 씻어 적당한 굵기로 자른다. 잘 달군 팬에 기름을 둘러 뜨거워지면 도라지를 넣고 센불에서 살짝 볶는다. 볶을 때는 반드시 기름이 달궈진 후 도라지를 넣어야지, 도라지를 먼저 넣고 그 위에 기름을 부으면 윤이 나지 않는다.

4 고사리는 잘 달군 팬에 기름을 두르고 집간장, 후춧가루, 생강즙을 넣어 볶는다. 김치는 송송 썬다.

5 당근은 곱게 채썰고 숙주는 깨끗이 다듬어 놓는다. 시금치도 깨끗이 다듬어 적당한 크기로 자른다. 채소는 데치지 않은 채로 써야 빈대떡을 부쳤을 때 채소에서 물이 나와 빈대떡이 부드럽다.

6 손질한 위의 채소를 골고루 섞은 후 갈아놓은 녹두를 넣어서 묽게 반죽한 다음 소금으로 간한다.

7 팬에 넉넉하게 기름을 붓고 은근한 불에서 반죽을 한 국자씩 떠서 익히는데 한쪽이 다 익은 후 뒤집어 마저 익힌다. 다른 전과 달리 빈대떡을 부칠 때는 뒤집개로 반죽을 누르면 맛이 없다.

선재 스님의 무공해 손맛

숙주, 도라지, 시금치 등 녹두 빈대떡에 들어가는 채소는 모두 익혀서 넣으시죠. 그러니 녹두 빈대떡이 퍽퍽해질 수밖에 없습니다. 저는 당근, 숙주, 시금치를 모두 생으로 쓰고, 녹두보다는 채소를 듬뿍 넣어 빈대떡을 부칩니다. 채소를 익히지 않고 넣으면 채소에서 수분이 나와 빈대떡을 부쳤을 때 훨씬 더 부드러울 뿐 아니라 채소가 아삭하게 씹혀 색다른 맛을 내거든요. 그리고 녹두 빈대떡은 다른 전과 달리 뒤집개로 반죽을 누르지 않습니다. 누르면 맛이 없거든요.

# 마 된장 참깨 무침

**마 1개, 풋고추 1개, 양념장(된장 2큰술, 참깨 2큰술, 배즙 3큰술)**

마는 껍질을 벗겨 가로 2.5cm, 세로 4cm 크기로 얄팍하게 썰고, 풋고추는 송송 썬다. 믹서에 참깨와 배즙을 넣고 간 다음 여기에 된장을 넣고 섞어 양념을 만든다. 손질한 마와 풋고추에 양념을 넣어 버무린다.

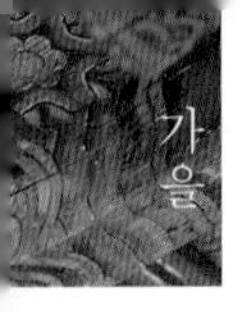

## 음식이 약이다 | 마

마는 '산에서 나는 귀한 약재' 라고 해서 산약이라 부른다. 이름에서 알 수 있듯 마는 야생의 것이어야 약효가 훨씬 뛰어나다. 야생 참마와 재배한 참마를 구별하는 방법은 간단하다. 재배한 것은 뿌리가 굵고 뭉툭하지만, 야생의 것은 뿌리가 가늘고 길며 단단하다. 마는 하늘에서 떨어진, 마목병(몸이 마비되는 병)을 치료하는 약 라는 뜻으로 '천마' 라고도 한다. 마의 주성분은 녹말과 당분이며 비타민B, $B_2$, C, 사포닌 등도 들어 있는 영양이 풍부한 식품이다. 소화가 매우 잘된다는 것도 마의 장점. 끈적끈적한 점액질은 단백질의 흡수를 돕는 물질이며, 디아스타제라는 소화효소는 음식을 서너 배 빨리 소화되게 한다. 때문에 마는 소화불량이나 위장장애, 위가 약한 사람에게 매우 좋은 식품이다. 그밖에 장 속 세균의 활동을 왕성하게 하므로 만성장염 치료에도 도움이 되며, 가래를 없애고 염증을 삭이며 머리를 맑게 하는 효과도 있다. 마를 제대로 즐기는 방법 중 하나는 된장에 찍어 날로 먹는 것. 또 마를 갈아 생즙을 내어 먹기도 하며, 쪄서 또는 찐 것을 말려 가루내어 먹기도 한다. 죽으로 끓이거나 마밥을 지어 먹어도 된다.

# 마 두부찜

**마 $\frac{1}{2}$개, 두부 $\frac{1}{3}$모, 표고버섯 2장, 당근 30g, 은행 8알, 대추 4개, 잣 1큰술, 마가루 $\frac{1}{4}$컵, 소금·후춧가루·포도씨유 약간씩**

1 마는 껍질을 벗기고 강판에 간다. 마의 껍질을 벗길 때 무쇠칼을 쓰면 색이 변하므로 스테인리스 스틸 칼을 써야 한다. 두부는 물기를 닦고 칼등으로 으깨 체에 내린다.

2 불린 표고버섯과 당근은 채썰어 각각 기름 두른 팬에 소금간해 살짝 볶는다. 은행은 마른 팬에 볶아 속껍질을 벗기고, 대추는 돌려 깎아 씨를 빼서 채썬다.

3 그릇에 마 간 것, 으깬 두부, 볶은 표고버섯과 당근, 은행과 대추, 잣을 넣고 섞은 후 마가루를 넣고 소금, 후춧가루로 간한다.

4 반죽으로 반대기를 만든 후 김이 오른 찜통에 넣고 쪄서 적당한 크기로 잘라 낸다.

마 구이

# 차조기 마 샐러드

**차조기(자소) 10장, 마 $\frac{1}{2}$개, 잣소스(배즙 $\frac{1}{2}$컵, 잣 3큰술, 소금 약간)**

1 차조기는 깨끗이 씻어 물기를 뺀 후 채썰고, 마는 껍질을 벗겨 채썬다.

2 강판에 간 배즙과 잣을 믹서에 넣고 갈아서 소금을 넣고 간해 잣 소스를 만든다.

3 접시에 채썬 마를 담고, 차조기를 얹은 후 먹기 직전에 잣소스를 뿌려 낸다.

# 마 구이

**마 1개, 참기름·죽염 약간씩**

마는 껍질을 벗겨 1㎝ 두께로 둥글넙적하게 썬다. 잘 달군 팬에 참기름을 두르고 앞뒤로 노릇노릇하게 마를 구운 후 죽염으로 간한다.

# 땅콩 찰떡

**찹쌀 5컵, 생땅콩 5컵, 소금 약간**

1 찹쌀은 12시간 정도 물에 불린 후 소금을 넣어 방앗간에서 두 번 정도 곱게 빻아 체에 한 번 내린다.

2 땅콩은 겉껍질만 벗겨 물에 불렸다가 씻어 체에 건진 후 찹쌀가루에 버무린다. 땅콩의 고소한 맛을 살리기 위해 설탕을 넣지 않지만 단맛을 좋아한다면 유기농 설탕 1컵 정도를 땅콩, 찹쌀가루와 함께 버무린다.

3 시루 밑에 창호지나 무, 호박잎 등을 깔고 ②의 찹쌀가루를 올린 후 젖은 행주를 덮어 30분 정도 찐 다음 뚜껑을 덮어 충분히 뜸을 들인다.

# 땅콩 조림

**생땅콩 5컵, 포도씨유 1큰술, 집간장 $\frac{1}{2}$컵, 조청 3큰술, 유기농 황설탕 1큰술, 참기름·통깨 약간씩**

1 생땅콩에 잠길 만큼의 물과 포도씨유를 부어 우르르 끓으면 뚜껑을 열고 약간 덜 익은 듯 삶는다. 포도씨유를 넣어야 조렸을 때 땅콩 껍질이 잘 벗겨지지 않으며 뚜껑을 열고 조려야 땅콩의 고소한 맛을 살릴 수 있다.

2 다 삶아지면 물을 $\frac{1}{5}$ 정도만 남기고 따라낸 후 여기에 집간장, 조청을 넣고 조린다. 조청을 많이 넣으면 땅콩이 서로 달라붙으므로 조청의 양을 조절할 수 있도록 세 번 정도로 나눠 넣는다 생각하며 조금씩 섞는다. 거의 다 조려졌을 때 유기농 황설탕을 넣고 센불에서 휘저으며 좀 더 조린다. 마지막으로 참기름과 통깨를 넣고 살살 버무린다.

## 음식이 약이다 | 땅콩

땅콩은 콩에 비해 지방은 3배, 비타민$B_1$은 12배나 많다. 특히 지방은 대부분 불포화지방산이라 동맥경화의 원인인 콜레스테롤을 녹이는 작용을 한다. 게다가 머리를 좋게 하는 성분이 있어 정신노동을 하는 사람에게 특히 좋다. 하루에 땅콩 10알이면 비타민E, 비타민F의 1일 필요량을 채울 수 있을 정도. 하지만 볶아 먹으면 기름이 산화되어 소화가 잘 되지 않는다. 특히 술과 볶은 땅콩을 같이 먹으면 간에 부담이 된다. 되도록 생땅콩을 삶은 후 조려 밥반찬이나 간식으로 먹는 것이 좋다.

# 산초 장아찌

**산초 600g, 물 1컵, 집간장 1컵, 청주 약간**

1 산초는 너무 여리거나 여물면 장아찌용으로 적당치 다. 열매가 아직 파랗고, 껍질이 벗겨지지 않을 때 송아리째 따서 먹기 좋은 크기로 갈라놓는다.

2 산초를 스테인리스 스틸 그릇에 담고 팔팔 끓는 물을 부어 6~7시간 정도 담가두었다가 찬물에 헹궈 소쿠리에 건져둔다. 이때 향이 너무 강하면 중간에 물을 갈아준다. 끓는 물에 담그는 대신 데쳐내면 산초 특유의 아삭한 맛이 사라진다.

3 물과 집간장을 섞어 팔팔 끓였다가 식힌 후 산초가 잠길 정도로 붓는다.

4 5~7일 정도 묵힌 후 간장은 따라낸다. 간장에 물을 조금 붓고 다시 끓여 식힌 다음 여기에 청주를 섞어 산초에 다시 붓고 한 달 정도 묵힌 후 먹기 시작한다. 산초 장아찌는 먹을 때 조금씩 꺼내 건지가 촉촉히 잠길 정도로 제 간장을 부어 낸다. 가을에 담가 1년 내내 조금씩 먹는데 입맛 없는 여름철에 특히 좋은 반찬이다.

# 산초 차

**산초 200g, 꿀(또는 유기농 황설탕으로 만든 시럽) 1컵**

1 산초는 열매가 아직 파랗고, 껍질이 벗겨지지 않았을 때 송아리째 따서 깨끗이 씻은 다음 소쿠리에 건져 물기를 하나도 남김 없이 제거한다.

2 물기를 완전히 제거한 저장용기에 산초와 같은 양의 꿀을 부은 다음 한 달 후부터 먹기 시작한다. 꿀 대신 유기농 황설탕으로 시럽을 만들어 식힌 후 부어도 된다. 유기농 황설탕 시럽은 냄비에 유기농 황설탕과 같은 양의 물을 붓고 약한불에 타지 않도록 끓여 만들면 된다.

## 불가의 먹을거리 지혜

재피는 열매, 잎을 다 먹는 데 비해 산초는 열매만 먹습니다. 산초는 열매가 아직 파랗고, 껍질이 벗겨지지 않았을 때 장아찌나 차를 담그고, 씨는 기름을 짜 '산초기름'을 만들어 기관지염이나 중풍을 치료하는 약으로 씁니다. 재피는 잎을 장아찌, 장떡, 찌개 등에 두루 사용하며 재피 열매는 말려서 껍질을 살짝 볶아 가루를 내어 씁니다. 재피가루는 우리나라에 고춧가루가 들어오기 전 매운맛을 내는 대표적인 양념이었습니다. 특히 김치에 넣으면 매콤한 맛을 낼 뿐 아니라 김치가 빨리 시지 않도록 해주는 천연 방부제이기도 했거든요. 재피는 후춧가루와 겨자를 능가하는 천연 향신료인 동시에 스님들에게는 훌륭한 약재이기도 합니다. 약을 잘 드시지 않는 스님들에게 재피는 구충제인 동시에 중풍, 해독, 진통, 건위약으로 쓰이며, 채식으로 인해 추위와 더위에 약해지기 쉬운 것을 예방해주는 역할을 합니다. 또한 재피 열매 껍질을 베개 속에 넣고 자면 두통이나 불면증이 말끔히 사라집니다. 재피는 우리나라를 통해 일본에도 전해졌는데 일본인들은 재피가루로 환을 만들어 유럽 등에 건강식품으로 수출한다고 합니다.
산초와 재피를 혼동하는 분들이 많더군요. 어느 책에서 보니 산초잎 된장국이나 산초잎 장아찌라는 음식이 등장하기도 하는 등 산초와 재피를 바꿔 설명하는 경우가 많은데 실제로 산초잎은 독성이 강해 먹을 수 없답니다. 산초와 재피를 구분하는 방법을 알려드릴게요. 먼저 잎을 보세요. 사진에서처럼 재피잎에는 가장자리에 톱니같이 뾰족한 가시가 있는 데 비해 산초잎은 매끈합니다. 또 송아리를 보면 산초는 한 가지에 평형으로 열매가 달린 데 비해 재피는 한 가지에 옹기종기 열매가 달린 것을 볼 수 있지요.

# 표고버섯 탕수

**표고버섯 20장, 오이 ½개, 당근 ⅓개, 피망 1개, 브로콜리 ½송이, 표고버섯 양념(집간장 ½큰술, 소금 약간, 감자 녹말 ½컵), 탕수 양념(다시마 표고 국물 2컵, 집간장 2큰술, 물 2큰술, 유기농 설탕 2큰술, 식초 2큰술, 소금·고추기름·녹말물 약간), 포도씨유 적당량**

1 표고버섯은 살짝 불려 기둥을 뗀 후 물기를 짜서 집간장, 소금을 넣어 무친 후 다시 녹말을 넣고 조물조물 무친다. 170℃ 기름에서 두 번 튀긴다. 오이, 당근, 피망은 납작하게 썰고 브로콜리는 끓는 물에 데쳐 찬물에 헹궈 먹기 좋은 크기로 송이를 썬다.

2 다시마 표고 국물을 끓이다가 물, 집간장을 넣고 소금으로 짭짤하게 간을 한 후 유기농 설탕, 식초를 넣는다. 탕수육은 고기의 느끼함을 없애기 위해 유기농 설탕과 식초를 많이 넣지만 표고버섯 탕수의 경우 탕수육 소스의 ⅓분량의 유기농 설탕과 식초만 넣어도 된다. 채소가 들어가면 간이 싱거워지므로 간은 조금 강하게 맞춘다.

3 고추기름을 넣고 녹말물을 부어 걸쭉하게 농도를 맞춘 후 튀긴 버섯과 채소를 넣는다. 녹말물을 넣으면 온도가 높아지므로 채소를 나중에 넣어야 색도 변하지 않고 아삭한 맛도 살릴 수 있다.

# 생표고버섯 구이

**생표고버섯 1kg, 굵은 소금·들기름 약간씩, 고추장 양념(고추장 3큰술, 집간장 1큰술, 생강즙 3작은술, 유기농 설탕 1작은술, 조청 1작은술, 통깨 약간)**

1 생표고버섯은 중간 크기의 것으로 골라 흐르는 물에 재빨리 씻어 꼭 짠다. 살짝 말렸다 구우면 더 맛있다. 밑동은 떼고 갓에 십자로 칼집을 내어 손질한 후 양을 반으로 나눠 절반은 들기름을 살짝 두른 팬에 놓고 노릇노릇하게 앞뒤로 구워 굵은 소금을 뿌린다.

2 고추장에 집간장, 생강즙, 유기농 설탕, 조청, 통깨를 섞어 고추장 양념을 만든다. 잘 달궈진 팬에 들기름을 살짝 두르고 표고버섯을 구운 후 양념장을 발라 다시 굽는다. 처음부터 양념장을 발라 바로 구우면 타기 쉽다.

생표고버섯 고추장 양념 구이

생표고버섯 소금 구이

## 선재 스님의 무공해 손맛

인공 조미료를 전혀 쓰지 않는 사찰음식에서는 다시마나 표고버섯으로 국물을 내어 음식의 깊은 맛을 냅니다. 다시마 국물은 냄비에 찬물과 다시마를 넣고 5~10분 정도 끓인 후 다시마를 건져내고 쓰는데 이때 건져낸 다시마는 버리지 않고 조려 먹습니다. 표고버섯 불린 물은 마른 표고버섯을 살짝 씻은 후 찬물에 넣고 30분 정도 불려 만듭니다. 마지막으로 다시마 표고 국물은 표고버섯 불린 물에 다시마를 넣고 5~10분 정도 끓인 다음 쓰면 됩니다.

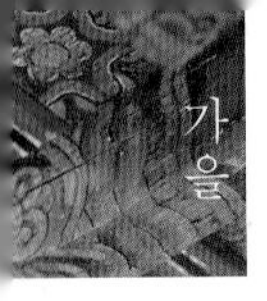

## 선재 스님의 무공해 손맛

표고버섯과 우엉은 한 번 볶아서 밥을 지어야 맛이 부드럽습니다. 표고버섯은 오래 볶아야 맛이 나고, 우엉은 기름에 볶아야 소화가 잘되기 때문입니다. 영양가가 높은 버섯이지만 비타민C는 부족하므로 버섯 요리에는 채소를 곁들이는 것이 좋습니다. 절에서 가마솥에 많은 양의 밥을 할 때는 물을 끓이다가 쌀을 넣습니다. 그래야 밥이 골고루 잘되기 때문이지요. 집에서도 많은 양의 밥을 할 때는 이 방법을 이용해보세요.

# 생표고버섯 밑동 조림

**생표고버섯(1kg) 밑동, 풋고추 2개, 들기름 2큰술, 집간장 1큰술, 조청 1큰술, 통깨 약간**

1 표고버섯 밑동은 끝을 칼로 다듬고, 손으로 가늘게 찢는다. 풋고추는 반으로 갈라 채썬다.

2 팬에 들기름을 두르고 열이 오르면 손질한 버섯 밑동을 넣고 볶는다. 노릇노릇하게 볶아지면 집간장, 조청을 넣고 조리다가 거의 조려지면 풋고추를 넣고 뒤적인 다음 불을 끄고 통깨를 얹어 낸다.

# 표고버섯 채소밥

**쌀 4컵, 표고버섯 5장, 우엉 1/4개, 당근 1/2개, 감자 1개, 청·홍 피망 1개씩, 은행 20알, 집간장·들기름 약간씩, 양념장(집간장 5큰술, 다진 청·홍 고추 1개씩, 통깨 2큰술, 고춧가루 1작은술, 참기름 2큰술)**

1 표고버섯은 물에 불려 밑동을 제거한 후 가로 세로 1cm 크기로 썰어 집간장, 들기름을 넣고 조물조물 무쳐 볶는다. 이때 표고버섯 불린 물은 따로 둔다.

2 우엉은 깨끗이 씻어 칼등으로 껍질을 벗겨 얇게 저며 깍둑썬 후 들기름을 두른 팬에 볶는다. 당근, 감자, 청·홍 피망은 표고버섯과 같은 크기로 썬다. 은행은 마른 팬에 볶아 속껍질을 깐다.

3 미리 불려둔 쌀에 표고버섯과 우엉, 표고버섯 불린 물을 부어 밥을 짓는다. 채소가 많이 들어가므로 밥물은 평소보다 약간 적게 잡는다.

4 밥이 끓으면 청·홍 피망을 제외한 채소와 껍질 깐 은행을 함께 넣어 뜸을 들인다. 밥을 푸기 직전에 청·홍 피망을 넣고 섞어 그릇에 담는다. 분량의 재료로 양념장을 만들어 함께 낸다.

표고버섯

# 토란 들깨탕

**토란 400g, 표고버섯 4장, 두부 1/6모, 다시마(10cm) 1장, 홍고추 1개, 들깨즙 1컵, 들기름·집간장·소금 약간씩**

1 토란은 씻어서 껍질을 벗기면 손이 간지러우므로 씻지 않은 채로 장갑을 낀 채 칼을 눕혀 긁어내거나 숟가락을 이용해 껍질을 벗긴다. 식촛물이나 소금물에 손을 씻으면 가려움증이 없어진다. 토란의 끈끈한 점액질은 소금을 뿌려 문지르면 없어지지만 이 점액질에 풍부한 미네랄 성분이 있으니 완전히 없애지 않도록 한다. 토란은 껍질을 벗겨 쌀뜨물이나 소금물에 삶아 건져 찬물에 헹군다.

2 표고버섯은 살짝 불려 적당한 크기로 찢는다. 불린 물은 그대로 둔다.

3 두부는 0.5cm 두께로 썰어 노릇노릇하게 지져 한입 크기로 썬다. 홍고추는 씨를 빼고 큼직하게 어슷썬다.

4 들깨즙을 만든다. 들깨를 믹서에 물을 조금 넣고 간 후 물을 부어가며 베보자기에 한 번 내린다. 겉껍질이 들어가면 씁쓸한 맛이 나기 때문이다.

5 냄비에 들기름을 두르고 손질한 표고버섯, 다시마를 넣고 볶는다. 여기에 집간장, 표고버섯 불린 물을 조금만 부어 끓인다. 물을 처음부터 많이 부으면 국물이 잘 우러나지 않는다. 국물이 끓으면 삶은 토란을 넣고, 다시 한번 끓으면 ④의 들깨즙과 남은 표고버섯 불린 물을 넣어 푹 끓인다. 음식에 들깨즙을 넣고 난 뒤에는 옆에서 지켜보고 있어야 한다. 국물이 넘치면 들깨의 고소한 맛이 달아나기 때문이다.

6 거의 다 끓었을 때 소금으로 간하고 지진 두부와 홍고추를 넣는다. 들깨즙으로 국물을 낼 때는 좀 매운 듯한 고추를 넣어야 느끼하지 않다.

토란

# 토란 단호박 견과류 튀김

**토란 200g, 단호박 1/2개, 쌀가루(또는 칡녹말 1/2컵), 건포도 3큰술, 잣 2큰술, 호두 4개, 은행 1/4컵, 호박씨 2큰술, 녹말 1컵, 소금 약간, 포도씨유 적당량**

1 손질한 토란은 쌀뜨물이나 옅은 소금물에 삶아 으깬다. 단호박은 몇 조각으로 잘라 김이 오른 찜통에 쪄서 속만 긁어 으깬다.

2 으깬 토란과 단호박에 쌀가루, 건포도, 잣, 호두, 은행, 호박씨 등을 넣고 소금간해 경단을 빚는다.

3 경단은 녹말에 한 번 굴려 170℃ 기름에서 튀긴다.

# 토란대 들깨 볶음

**토란대 삶은 것 200g, 청·홍 고추 1개씩, 집간장 1큰술, 들기름 2큰술, 들깨가루 2큰술**

1 삶은 토란대는 소금물에 다시 한번 데쳐 아린 맛을 빼주고 찬물에 헹궈 꼭 짠 다음 껍질을 벗겨 적당한 길이로 썬다. 청·홍 고추는 길게 어슷썬다.

2 ①의 토란대에 집간장, 들기름을 넣고 조물조물 무친다. 팬에 들기름을 두르고 양념한 토란대를 넣어 볶다가 물을 조금 붓고 물기가 없어질 때쯤 들깨가루를 뿌리고 어슷썬 청·홍 고추를 넣는다.

## 선재 스님의 무공해 손맛

토란대 날것은 소금물에 데쳤다가 찬물에 담가 아린 맛을 빼준 후 다시 한번 헹구고 물기를 꼭 짜서 조리합니다. 삶은 토란대도 끓는 물에 소금을 넣고 다시 한번 데친 후 찬물에 헹궈 써야 하고요. 토란대는 날콩가루를 묻혀 김이 오른 찜통에 쪄낸 후 여기에 참기름, 통깨, 집간장을 넣고 조물조물 무쳐 먹어도 별미지요. 이때 토란대를 충분히 쪄야지, 덜 쪄지면 콩비린내가 나니까 주의하세요.

## 음식이 약이다 | 토란

토란의 풍부한 점액질은 위벽이나 장벽을 보호하고, 소화를 촉진시키며, 변비를 예방하는 효과가 있다. 또 칼륨과 비타민B1이 풍부한데 만성피로는 칼륨 부족에 기인하는 경우가 많고, 비타민B1은 피로 해소에 좋으므로 지쳤을 때 토란을 먹으면 도움이 된다. 토란을 삶을 때 식초나 소금을 넣으면 뽀얗게 되지만 영양학적으로는 손실이 크므로 옅은 소금물이나 쌀뜨물에 넣고 삶는다. 흙이 묻은 채로 보관하는 것이 좋으므로 땅에 묻어두는 것이 이상적이다. 그래서 예부터 절에서는 토란을 줄기만 베고 알은 땅에 묻어 숙성시켰다가 군불에 구워 먹곤 했다. 껍질을 벗긴 토란은 손질하지 않은 것에 비해 미네랄 함량이 훨씬 떨어지므로 손질하지 않은 것을 구입한다.

# 우엉 잡채

**당면 300g, 우엉(중간 크기) 2대, 풋고추 5개, 들기름 3큰술, 집간장 2큰술, 조청 1큰술, 다시마 국물 1컵, 유기농 흑설탕 2큰술, 포도씨유 · 참기름 · 흑임자 · 후춧가루 약간씩**

1 당면은 찬물에 가지런히 놓아 충분히 불려 적당한 길이로 자른다.

2 우엉은 물에 씻은 후 칼등으로 껍질을 벗겨 6cm 길이로 곱게 채썬다. 풋고추는 반으로 갈라 채썰어 잘 달군 팬에 기름 두르고 살짝 볶아 식힌다.

3 잘 달궈진 두꺼운 팬에 들기름을 넉넉히 두른다. 들기름과 포도씨유를 반씩 섞어도 되는데 우엉 양의 ⅕ 정도가 될 정도로 넉넉히 붓는다. 기름이 뜨거워지면 채썬 우엉을 넣고 기름이 골고루 배도록 젓가락으로 헤쳐가며 충분히 볶는다. 우엉처럼 섬유소가 많은 채소는 들기름이나 들깨즙을 넣어 볶아야 맛도 부드럽고, 소화가 잘된다. 사찰에서 고사리를 볶을 때 들기름과 들깨즙을 넣는 것도 그 때문이다. 우엉이 거의 익었을 때 집간장 1큰술과 조청을 넣어 조린 후 건진다. 조청은 마지막에 넣어야 우엉이 서로 붙지 않는다.

4 우엉을 볶은 팬에 다시마 국물, 집간장 1큰술을 넣어 끓인다. 다시마 국물 대신 표고버섯 불린 물을 써도 된다. 국물이 끓으면 유기농 흑설탕, 불린 당면 순으로 넣어 젓가락으로 골고루 저어가며 국물이 완전히 졸아들 때까지 볶는다. 국물이 남지 않을 때까지 충분히 볶아주어야 시간이 지나도 잡채가 붇지 않는다. 유기농 흑설탕은 채소와 당면이 서로 잘 섞이도록 돕는 역할을 하므로, 잡채를 만들 때는 반드시 유기농 흑설탕을 넣는다.

5 조린 우엉을 넣고 살짝 볶은 후 불에서 내려 한김 나가면 참기름, 흑임자, 후춧가루, 풋고추 볶은 것을 넣고 잘 섞는다.

## 선재 스님의 무공해 손맛

우엉은 껍질 쪽이 터져 있으면 안에도 바람이 든 것이므로 잘 살펴보고 모양이 고른 것을 선택하면 됩니다. 손질할 때는 물로 씻은 후 칼등으로 긁는 게 좋아요. 필러를 쓰면 껍질을 너무 두껍게 벗기게 되는데 껍질 부분에 몸에 좋은 성분이 많거든요. 물에 데치거나 담그는 것도 좋지 않습니다. 우엉은 껍질을 깎으면 색이 까맣게 변하는데 이는 특유의 떫은맛 성분, 리그닌 때문입니다. 리그닌은 중금속을 해독하고, 암을 예방하는 역할을 하지요. 그러니 우엉을 물에 담그거나 껍질을 두껍게 벗겨 먹는 것은 마치 약효는 다 빼고 껍데기만 먹는 것과 다를 바가 없습니다. 이밖에도 우엉은 인내심을 키워주는 역할을 하기 때문에 어린아이나 수험생에게 많이 먹이는 것이 좋습니다. 정진(精進)을 하는 스님들이 우엉을 즐겨 드시는 것도 바로 이 때문입니다. 스님들은 자장면 대신 즐기시는 된장국수를 만들 때도 우엉즙을 넣는 등 조리할 때 우엉을 많이 쓰신답니다. 우엉 잡채는 우엉을 많이 먹을 수 있는 대표적인 음식입니다. 우엉은 당면 양만큼 넉넉히 넣고, 당면을 조릴 때도 우엉 볶은 프라이팬을 그대로 이용하면 우엉의 영양분을 하나도 버리는 일 없이 섭취할 수 있답니다.

## 우엉탕

**우엉 1대, 표고버섯 10장, 두부 1/4모, 홍고추 1개, 다시마(10cm) 1장, 표고버섯 불린 물 2컵, 들깨즙 1컵, 들기름·소금 약간씩**

1 우엉은 깨끗이 씻어 껍질을 벗긴 후 3cm 길이로 토막 내어 3~4mm 두께로 썬다. 표고버섯은 재빨리 씻어 물을 자작하게 부어 불으면 건져 먹기 좋은 크기로 손으로 찢는다. 표고버섯 불린 물은 따로 둔다.

2 두부는 0.5cm 두께로 썰어 소금을 약간 뿌려 노릇노릇하게 구워 식으면 먹기 좋은 크기로 썬다. 홍고추는 손으로 비벼 꼭지를 떼서 씨만 털어내고 어슷썬다.

3 잘 달군 냄비에 들기름을 두르고 표고버섯, 우엉을 넣어 우엉이 투명해질 때까지 충분히 볶다가 표고버섯 불린 물을 붓는다. 물을 많이 부으면 기름이 뜨므로 조금만 붓고 국물이 거의 졸아들 때까지 끓인다.

4 뽀얗게 국물이 우러나면 나머지 표고버섯 불린 물과 다시마를 넣고 우엉이 무를 때까지 푹 끓인 후 두부와 들깨즙을 넣는다. 들깨즙은 넘치기 쉬우므로 처음부터 큰 냄비를 사용해야 하며, 뚜껑을 연 채로 끓는 것을 지켜봐야 한다. 마지막으로 소금간한 후 한소끔 끓으면 어슷썬 홍고추를 넣고 불을 끈다. 다시마는 꺼내 적당한 크기로 썰어 넣거나, 건져 조림을 만든다.

## 우엉 고추장 무침

**우엉 1대, 양념장(고추장 2큰술, 물 2작은술, 참기름 1/2큰술, 통깨 약간)**

우엉은 씻어 칼등으로 껍질을 벗긴 후 5~6cm 길이로 곱게 채썰어 소금물에 살짝 데쳐 소쿠리에 건져 물기를 뺀다. 분량의 재료를 섞어 양념장을 만든 후 채썬 우엉에 버무려 낸다. 초고추장에 무쳐 내도 된다.

### 선재 스님의 무공해 손맛

우엉은 데치거나 물에 담가두면 몸에 좋은 성분들이 빠져나갑니다. 유일하게 우엉을 데치는 경우가 바로 고추장 무침. 기름기를 싫어하시는 노스님들은 우엉 조림이나 잡채 대신 데쳐서 고추장에 무쳐 드시지요. 우엉을 데치고 난 국물은 버리지 말고 국이나 찌개의 국물로 쓰면 우엉의 독특한 향을 즐길 수 있을 뿐 아니라 우엉의 영양분도 섭취할 수 있습니다.

### 음식이 약이다 | 빈혈에 좋은 식품

빈혈의 원인은 여러 가지가 있지만 대표적인 것이 철분 부족 때문이며, 이밖에 비타민 $B_{12}$나 엽산 부족에 의해서도 빈혈 증상이 나타난다. 연근에는 채소로서는 드물게 비타민 $B_{12}$가 들어 있으므로 우엉과 함께 조려 밑반찬으로 먹으면 좋다. 철분이 풍부한 대표적인 식품에는 차조기(자소)가 있는데 멜론과 차조기잎을 함께 믹서에 갈아 멜론 차조기 주스를 만들어 마셔도 좋고, 잎을 말려 두었다가 깨소금, 참기름과 함께 밥을 비벼 먹는 등 다양한 음식의 양념으로 사용할 수도 있다.

## 우엉 양념구이

**우엉(중간 크기) 2대, 들기름 약간, 양념장(집간장 3큰술, 고춧가루 1작은술, 통깨 1작은술 , 다진 청·홍고추 1큰술)**

1 우엉은 껍질을 벗겨 5cm 길이로 잘라 반으로 가른다. 우엉은 껍질을 벗기면 색이 변하지만 그렇다고 해서 물이나 식촛물에 담그면 암을 예방하는 타닌 성분을 섭취할 수 없으므로 그대로 사용하는 것이 좋다.

2 김이 오른 찜통에 우엉을 넣고 부드럽게 찐 후 반으로 자른 면이 위로 오게 도마 위에 놓고 방망이로 두드려 넓적하게 편다. 찜통에 남은 물에 집간장, 고춧가루, 통깨, 청·홍 고추를 넣고 양념장을 만든다.

3 달궈진 팬에 들기름을 두르고 우엉에 양념장을 발라 굽는다. 양념이 스며들 정도로만 살짝 굽는다. 불이 세면 양념이 탈 수 있으므로 주의한다.

### 불가의 먹을거리 지혜

경전에서는 식중독의 원인에 따라 이를 치료하는 식품을 밝히고 있습니다. 육류로 인한 식중독에는 버드나무 껍질을 달여 마시거나, 팥이나 우엉 요리를 먹고 어패류로 인한 식중독에는 무화과나 금귤을 권하고 있습니다. 또 버섯으로 인한 식중독에는 가지를 먹으라고 쓰여 있으며, 이밖에 매실, 차조기, 연근 등이 식중독 치료에 효과가 있다고 말하고 있습니다.

## 우엉 찹쌀구이

**우엉(중간 크기) 2대, 찹쌀가루 1컵, 소금·포도씨유 약간씩, 양념장(집간장 3큰술, 풋고추 2개, 흑임자 1/2큰술)**

1 우엉은 씻어 껍질을 벗기고 5cm 길이로 토막 내 반으로 썬다. 풋고추는 맵지 않은 것으로 골라 양 손바닥 사이에 놓고 비벼 반으로 갈라 씨를 털고 다진다.

2 우엉을 김이 오른 찜통에 넣고 약한불에서 약간 설컹거릴 정도로 찐다. 이때 찜통에 물이 적어야 우엉이 맛있다. 찐 우엉은 반으로 자른 쪽이 위로 가게 도마 위에 놓고 안 부터 방망이로 두들겨 넓적하게 편다.

3 찹쌀가루에 소금과 물을 넣고 되직하게 반죽한다. 이때 찜통에 남은 물을 사용하면 더 맛있다.

4 팬이 달궈지면 포도씨유를 두르고 ②의 우엉에 찹쌀 반죽을 앞뒤로 묻혀 노릇노릇하게 부친다. 분량의 재료를 섞어 양념장을 만들어 우엉 찹쌀구이에 뿌린 후 접시에 담아 낸다.

### 음식이 약이다 | 신경통에 좋은 식품

시도 때도 없이 찾아오는 통증으로 고생하는 신경통에는 토란 껍질을 달여 식후에 마시면 효과가 있다. 율무씨를 가루 내어 찹쌀과 함께 죽을 끓여 먹거나, 솔잎 말린 것을 빻아 꿀이나 유기농 설탕에 재워 한 달 정도 삭혔다가 파란 물이 우러나면 그냥, 또는 물에 타서 마시는 것도 한 가지 방법이다.

# 아욱 수제비

**수제비 반죽(밀가루 200g, 단호박 찐 것 1/4개, 소금 약간), 아욱 400g, 된장 2큰술, 고추장 1큰술, 참기름 1큰술, 물 4컵, 다시마(10cm) 1장, 표고버섯 가루 2큰술, 굵은 소금 약간**

1 아래의 아욱국과 같은 방법으로 국을 끓인다.

2 수제비 반죽을 한다. 마른 행주로 닦아 물기가 전혀 없는 그릇에 밀가루, 단호박 찐 것, 소금을 넣고 골고루 섞어준다. 물은 넣지 않아야 맛있다. 수제비 반죽은 약간 질게 하고, 오래 치댄 후에 비닐 봉지에 넣어 냉장고에 1시간 정도 보관해둔다. 냉장고에서 꺼낸 반죽에 찬물을 부었다가 물만 따라낸 다음 수제비를 떠야 훨씬 더 쫄깃쫄깃하다.

3 아욱이 누르스름해질 때까지 충분히 국물을 끓인 후 손에 물을 묻히고 수제비 반죽을 조금씩 뜯어 넣는다. 수제비가 위로 뜨면 다 끓여진 것이다.

# 아욱국

**아욱 400g, 된장 2큰술, 고추장 1큰술, 참기름 1큰술, 물 4컵, 다시마(10cm) 1장, 표고버섯 가루 2큰술, 굵은 소금 약간**

1 아욱은 질긴 껍질을 벗기고 굵은 소금을 뿌려 박박 치대어 푸른 물을 빼고 찬물에 헹궜다가 건진다.

2 된장, 고추장을 섞은 후 여기에 참기름을 더해 된장과 고추장에 참기름이 모두 스밀 때까지 잘 으깨가며 섞는다. 이렇게 미리 양념을 섞은 후 국에 넣어야 국을 끓였을 때 기름이 겉돌지 않고, 맛이 부드럽다.

3 냄비에 물을 붓고 ②를 체에 걸러 푼 다음 다시마, 표고버섯 가루를 넣는다. 혹시 양념이 겉돌면 밀가루나 들깨가루를 물에 풀어 국물에 조금만 넣어준다.

4 아욱은 물이 끓기 전에 넣는다. 모시조개나 마른 새우를 함께 넣을 때는 물이 끓은 후에 아욱을 넣어도 되지만 다른 재료를 넣지 않을 때는 반드시 물이 끓기 전에 넣어 풋내가 나지 않게 한다. 은근한 불에서 아욱이 누르스름해질 때까지 충분히 끓여야 제 맛이 난다.

음식이 약이다 | 아욱

아욱 수제비는 식량이 귀할 때 스님들이 즐겨 드시던 음식. 특히 가을철 아욱은 '문 걸어 잠그고 먹는다'는 말이 있을 만큼 맛이 좋다. 줄기가 연하고 잎이 부드러워 국이나 죽으로 끓여 먹거나 삶아서 쌈을 싸 먹는다. 채소 중 비교적 영양가가 높아 비타민과 칼슘, 단백질이 풍부하며 열이 날 때나 신경통에도 좋다. 아욱은 한자로 읽은 동규 또는 규채, 씨는 규자라고 한다. 아욱의 씨를 볶아 차처럼 끓여 먹는 것이 바로 동규자차. 단, 동규자차는 너무 많이 먹으면 설사를 할 염려가 있다.

# 단호박 된장 국수

**국수 반죽(단호박 $\frac{1}{2}$개, 밀가루 400g, 소금 약간), 된장소스(된장 $\frac{1}{2}$컵, 다시마 표고버섯 국물 4컵, 양송이 10개, 표고버섯 8장, 애호박 1개, 청·홍 피망 1개씩, 두부 1모, 우엉 $\frac{1}{3}$대, 참깨 3큰술, 유기농 설탕 $\frac{1}{2}$큰술, 고춧가루 $\frac{1}{2}$큰술, 참기름 $\frac{1}{2}$큰술, 포도씨유·녹말물·굵은 소금 약간씩)**

1 단호박은 껍질을 벗기고 씨만 뺀 후 몇 조각으로 잘라 김이 오른 찜통에 넣어 쪄서 으깬다. 호박은 옆으로 놓고 쪄야 물이 생기지 않고 보슬보슬하다. 단호박은 제철일 때 많이 쪄서 으깬 것을 비닐 봉지에 담아 냉동실에 넣어두고 경단이나 떡, 국수 만들 때 쓴다.

2 으깬 단호박은 물기 없는 그릇에 넣고 밀가루, 소금과 섞어 부슬부슬하게 손으로 비벼서 푼다. 다 비벼서 밀가루가 호박의 물기를 모두 먹은 후에 오래 치대면서 반죽을 하는데 이때 물을 넣지 않아야 더 맛있다. 국수틀에 넣고 국수를 빼거나 밀대로 얄팍하게 민 후 채썰어 손칼국수처럼 만든다.

3 소스를 만든다. 양송이는 반으로 갈라 세 쪽씩 썬다. 표고버섯은 물에 살짝 불려 꼭 짜 채썬다. 표고버섯 불린 물은 따로 둔다. 애호박은 $\frac{1}{4}$로 썰고, 청 · 홍 피망은 씨를 털어 애호박 크기로 깍뚝썬다. 두부는 기름 두른 팬에 노릇하게 지져 길게 채썬다. 우엉은 강판에 갈고, 참깨는 물을 조금 넣고 믹서에서 간다.

4 다시마 표고버섯 국물에 된장을 먼저 풀어 굵은 소금으로 간하고 양송이, 표고버섯, 애호박을 넣어 함께 끓인다. 어느 정도 끓어 채소가 익으면 두부, 우엉즙, 참깨 간 것을 넣고 유기농 설탕, 고춧가루로 간한다. 녹말물을 넣어 걸쭉하게 농도를 맞춘 다음 마지막으로 참기름을 두르고 불을 끈다. 기름진 음식을 좋아하면 채소를 전부 한 번 볶아서 소스에 넣으면 된다.

5 끓는 물에 소금을 넣고 단호박 국수를 털어 넣는다. 뚜껑을 닫고 삶다가 끓으면 뚜껑을 열고 젓가락으로 젓는다. 국수가 다 삶아지면 찬물을 붓고 소쿠리에 건져 그릇에 담고 된장소스를 붓는다. 밀가루 음식을 먹으면 몸이 붓는 사람이라도 밀가루와 호박을 섞어 만든 단호박 국수를 먹으면 몸이 붓지 않는다.

### 불가의 먹을거리 지혜

수제비나 국수를 반죽할 때 흘리는 게 더 많으시죠. 하지만 스님들은 주위에 흔적 하나 남기지 않습니다. 음식은 맛있게 만드는 것보다 소중히 여기는 것이 더 근본이기 때문입니다. 먼저 마른 행주로 잘 닦은 그릇에 밀가루를 붓고, 물을 조금만 부어 밀가루가 완전히 습기를 먹도록 골고루 섞습니다. 처음부터 물을 많이 부으면 고루 반죽이 되지 않을 뿐더러 그릇이나 손에 묻히기 쉽거든요. 그리고 본격적인 반죽을 시작하면 밀가루를 전혀 흘리지 않고도 일을 끝낼 수 있답니다.

## 통도라지 양념구이

**통도라지 400g, 양념장(고추장 2큰술, 집간장 1큰술, 조청 1큰술, 생강즙 약간), 들기름 약간**

1 통도라지는 돌려가며 껍질을 벗겨 반으로 가른 다음 물에 담가 아린 맛을 우려낸다. 마른 행주로 물기를 닦아낸 후 도마에 놓고 두들겨 넓게 편다.

2 분량의 재료를 섞어 양념장을 만든다. 잘 달군 팬에 들기름을 두르고 뜨거워지면 손질한 도라지를 놓고 한 번 구운 후 양념장을 발라 살짝 다시 굽는다. 이때 불이 세면 양념장이 타므로 주의한다.

### 불가의 먹을거리 지혜

불교에서는 모든 식품에는 본래의 불성이 깃들어 있으므로 이를 거스르지 않는 식생활을 해야 한다고 설명하고 있습니다. 이를 위해서는 첫째, 농약이나 합성 첨가물이 들어 있지 않으며 생명력이 풍부한 자연 식품을 먹어야 합니다. 채소의 경우 하우스 재배보다 노지에서 키운 제철의 것을 골라 먹어야겠지요. 둘째, 영양소 전부를 섭취할 수 있도록 전체식을 해야 합니다. 백미 대신 정제를 하지 않는 현미를 먹고, 채소는 비타민과 미네랄이 풍부한 껍질이나 잎까지 먹는 것이지요. 맛이 독한 것이 아니라면 물에 담가 우려내지 말고, 찜이나 튀김 등 영양 손실이 없는 조리법을 선택합니다. 또 삶은 것이라면 국물까지 먹도록 합니다. 마지막으로 음식 하나를 만들 때도 여러 재료를 이용해 편식하지 않도록 해야 합니다.

## 삼색 비빔국수

**밀가루 300g, 시금치 1/3단, 당근 1개, 감자 1개, 표고버섯 4장, 오이 1/3개, 참기름·소금·통깨·포도씨유 약간씩 양념장(고추장 4큰술, 유기농 설탕 1큰술, 통깨·참기름 약간씩)**

1 시금치, 당근 1/2개, 감자는 각각 믹서에 간다.

2 각각의 채소즙에 밀가루를 100g씩 섞고 소금간해 오래 치대면서 반죽한다. 국수 기계를 이용하거나 밀대로 얇게 민 다음 칼로 썰어 국수를 만든다.

3 끓는 물에 소금을 넣고 국수를 넣어 삶다가 물이 끓어오르면 젓가락으로 젓는다. 끓기 전에 젓가락으로 저으면 국수가 끊어진다. 다 삶아지면 찬물을 붓고 소쿠리에 건져 그릇에 담는다.

4 당근 1/2개, 표고버섯, 오이는 곱게 채썬다. 당근은 기름 두른 팬에 소금간해 살짝 볶고, 표고버섯은 채썰어 참기름, 소금, 통깨를 넣고 무쳐 팬에 볶는다.

5 분량의 재료를 섞어 양념장을 만든다. 그릇에 색색의 국수를 놓고 준비한 고명과 양념장을 얹는다.

### 불가의 먹을거리 지혜

절에서는 국수를 스님의 웃음이라는 뜻으로 '승소(僧笑)'라 부릅니다. 그만큼 스님들이 좋아하시기 때문이지요. 옹심이는 미역국에 넣고 끓이거나 콩국을 부어 먹는데 특히 운력(절에서 스님들이 일하는 것) 때 새참으로 내곤 합니다.

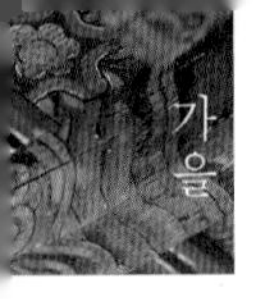

# 유부 채소밥

**유부 20개, 유부 조림장(집간장 1큰술, 조청 ½큰술), 쌀 2컵, 다시마(10cm) 1장, 표고버섯 5장, 당근½개, 오이 ½개, 우엉 ½대, 흑임자·소금·들기름·집간장·조청 약간씩**

1 유부는 반으로 갈라 속을 벌려 주머니를 만든 다음 끓는 물에 데쳐 헹군다. 냄비에 집간장과 조청을 넣고 끓이다가 유부를 넣어 은근한 불에서 30분 정도 유부가 부드러워질 때까지 조린다.

2 표고버섯, 당근, 오이는 각각 다져 소금간해 볶아 식힌다. 우엉은 곱게 다져 잘 달군 팬에 들기름을 넉넉히 두르고 충분히 볶다가 집간장, 조청을 넣어 조린다.

3 30분 전에 씻어 불린 쌀에 다시마를 한 조각 넣어 밥을 안친다. 밥에 볶은 채소와 흑임자를 넣고 소금으로 간한 후 밥을 쥐어 유부 속에 넣고 모양을 만든다.

# 두부 김밥

**쌀 3컵, 다시마(10cm) 1장, 김 10장, 두부 2모, 우엉 ½대, 당근 ½개, 오이 1개, 시금치 ½단, 단무지 10줄, 두부·우엉 조림장(집간장 2큰술, 조청 1큰술), 포도씨유·들기름·참기름·소금·통깨 약간씩**

1 두부는 굵고 길게 썰어 소금을 뿌려 물기가 빠지면 170℃ 포도씨유에서 노릇노릇하게 두 번 튀긴다.

2 채썬 우엉은 들기름을 두르고 투명해질 때까지 볶다가 조림장의 반을 넣고 조린다. 우엉은 건지고 나머지 조림장을 넣고 끓으면 튀긴 두부를 넣어 조린다.

3 당근, 오이는 가늘게 채썬다. 팬에 포도씨유를 두르고 센불에서 당근과 오이를 각각 볶다가 마지막으로 소금간한다. 시금치는 다듬어 씻어 끓는 물에 소금 넣고 살짝 데쳐 찬물에 헹궈 물기를 빼고 소금, 참기름을 넣어 무친다. 단무지도 가늘게 썬다.

4 쌀에 다시마 한 조각을 넣고 밥을 지어 소금, 참기름, 통깨로 간한다. 김 위에 밥을 반쯤 얇게 펴고 그 위에 두부와 갖은 재료를 놓고 싼다.

### 선재 스님의 무공해 손맛

채소 볶을 때 물이 생기거나 윤기가 나지 않아 음식의 모양새를 버린 적은 없으신가요? 채소를 볶을 때 처음으로 할 일은 팬을 달구는 것. 잘 달군 팬에 기름을 둘러 뜨거워지면 채소를 넣고 센불에서 살짝 볶습니다. 그래야 아삭한 맛도 살고 윤기가 나거든요. 만약 채소를 넣은 후 그 위에 기름을 부으면 윤기가 나지 않습니다. 또 소금간은 마지막에 해야 합니다. 미리 소금간을 하면 물기가 생기거든요. 특히 오이처럼 수분이 많은 채소를 볶을 때 미리 소금간을 하는 것은 금물입니다.

# 송이국

**송이 2개, 무 100g, 들기름·집간장 약간씩**

1 무는 얇게 나박썰고, 손질한 송이는 얇게 저민다.
2 열이 오른 팬에 들기름을 살짝 두르고 무를 볶다가 물을 붓고 집간장으로 간해 끓인다. 송이를 넣고 우르르 끓인 다음 불을 끈다.

# 송이 장아찌

**송이(작은 것) 500g, 집간장 1컵, 물 1컵, 마른 고추 2개**

1 송이는 아주 작은 것으로 골라 흙을 털어내고 흐르는 물에 재빨리 씻는다.

2 냄비에 집간장과 물을 붓고 팔팔 끓으면 송이와 마른 고추를 넣고 한 번 더 끓인다. 끓어오를 때 불을 끄고 송이를 건져 식히고 간장도 식힌다.

3 식힌 송이를 식혀 놓은 간장에 다시 담아 냉장고에 넣는다. 송이를 끓인 채로 그냥 간장에 담가두면 송이가 간장을 흡수해 너무 짜진다. 또는 송이만 건져 은박지에 싸 냉동실에 두었다가 조금씩 꺼내 해동시켜 적당히 찢은 후 따로 보관한 송이 간장을 부어 낸다.

## 음식이 약이다 | 송이

'송이 캔 자리는 부자간에도 비밀'이라는 말이 있을 정도로 송이버섯은 귀한 먹을거리이다. 송이버섯을 섞어 밥을 지으면 아무리 먹어도 소화가 잘되는데, 이는 송이에 강력한 소화효소가 들어 있기 때문이다. 게다가 송이에는 쌀에 없는 섬유질, 비타민$B_2$ 등이 풍부해 영양상의 균형을 맞춰준다. 또한 송이는 지금까지 알려진 버섯 가운데 항암 작용이 가장 뛰어난 것으로 알려져 있는데 특히 인후암, 뇌암, 갑상선암, 식도암 등에 효과가 높다. 고혈압 치료에도 효과가 높은데 송이를 꾸준히 먹으면 혈압이 다시는 올라가지 않는다고 한다. 송이는 깊은 산 속에서 자라기 때문에 사찰에서 먼저 먹기 시작했으며 이것이 민간에 전파된, 불교와는 인연이 깊은 식품이기도 하다.

# 송이구이

**송이 4개, 굵은 소금·물·솔잎 약간씩**

**1** 송이는 흙을 털어내고 도톰하게 저며 썬다.

**2** 기름을 두르지 않은 팬에 열이 오르면 옅은 소금물에 송이를 살짝 담갔다가 건져 앞뒤로 살짝 굽는다. 기름을 두르지 않아야 송이의 향이 산다. 송이는 1분 요리라고 한다. 그만큼 살짝 익혀 먹어야 한다는 뜻. 미리 솔잎을 깐 접시를 준비해두고 구운 송이를 담으면 솔잎 향기를 즐길 수 있다.

# 송이밥

**송이 200g, 쌀 3컵, 애호박 ½개, 집간장 약간**

**1** 쌀은 30분 전에 씻어서 건져놓는다. 송이는 끝 부분만 조금 잘라낸 후 흙을 털고 흐르는 물에 비벼 씻는다. 껍질을 벗길 경우에는 벗겨낸 껍질은 버리지 말고 된장찌개에 넣는다. 싱싱한 송이는 껍질이 잘 벗겨지나 채취한 지 오래된 것은 껍질을 벗길 때 살이 붙어 나오므로 조심해야 한다. 작은 것은 송이 모양을 살려 썰고, 큰 것은 손으로 먹기 좋은 크기로 찢는다. 애호박은 반으로 잘라 은행잎 모양으로 썬다. 애호박 없이 송이만 넣고 밥을 짓기도 한다.

**2** 솥에 쌀을 넣고 밥물을 잡아 끓인다. 끓기 시작하면 호박을 넣고, 밥이 거의 다 되었을 때 송이를 넣어 뜸을 들인다. 뜸이 다 들면 그릇에 담고 양념하지 않은 집간장으로 비벼 먹는다. 식성에 따라 집간장에 참기름, 깨소금을 넣어도 되지만 양념을 하지 않아야 송이의 향과 맛을 더 잘 느낄 수 있다.

### 선재 스님의 무공해 손맛

산에서 바로 딴 송이는 솔잎으로 흙만 털어내고 그대로 먹지요. 그만큼 손질을 하지 않는 것이 송이를 제대로 먹는 법입니다. 향을 살리려면 너무 익혀서도 안됩니다. 날것으로 먹는 것이 가장 좋고, 익힐 때는 살짝만 굽거나 찝니다. 구울 때도 기름을 쓰지 않고, 소금도 굵은 소금을 갈아 쓰는 것이 좋습니다. 스님들은 호박잎에 송이를 얹고 소금을 약간 뿌린 후 잎으로 싸서 아궁이 재 위에 놓아 구워 드신답니다.

## 능이버섯 초회

**능이버섯 600g, 초고추장(고추장 2큰술, 식초 1큰술, 유기농 설탕 약간)**

능이버섯은 사이사이의 잡티가 모두 제거되도록 깨끗이 씻어 끓는 물에 데친다. 데친 능이는 물에 서너 시간 정도 담가 아린 맛을 뺀 후 적당한 크기로 찢는다. 분량의 재료를 섞어 초고추장을 만들어 함께 낸다.

## 능이버섯 국

**말린 능이버섯** 30g, **콩나물** 100g, **무** 200g, **다시마** (10cm) 1**장, 마른 고추** 2**개, 물** 3**컵, 소금·집간장 약간씩**

1 무는 먹기 좋은 크기로 납작납작하게 썬다. 콩나물과 말린 능이버섯은 물에 씻어 건진다.

2 냄비에 무, 다시마, 마른 고추, 물을 넣고 끓인 후 무가 익어 투명해지면 마른 고추와 다시마는 건져내고 소금, 집간장으로 간을 맞춘다.

3 콩나물과 능이버섯을 넣어 한소끔 끓인다.

능이버섯 말린 능이버섯

### 음식이 약이다 | 능이버섯

능이버섯은 쇠고기 맛이 나면서 향이 좋아 구이나 볶음을 해 먹는다. 갓 사이사이에 흙과 티가 많아 깨끗이 손질해야 하고, 특유의 아린 맛을 없애려면 데친 후 물에 충분히 담가두었다가 조리한다. 능이는 예로부터 '1능이, 2송이, 3표고'란 말이 있을 만큼 귀한 버섯. 특히 고기를 먹고 체했을 때 약으로 많이 썼다. 능이는 끓는 물에 소금 넣고 데치거나 또는 그대로 말려 두고두고 쓰는데, 스님들은 감기 예방국이라 하여 말린 능이버섯에 콩나물, 마른 고추를 넣고 국을 끓여 먹기도 한다.

# 싸리버섯 볶음

**싸리버섯 400g, 청·홍 고추 2개씩, 소금·들기름·집간장 약간씩**

싸리버섯은 소금물에 데쳐 미지근한 물에 서너 시간 동안 담가 쓴맛을 없앤다. 고추는 씨를 털고 반으로 갈라 길게 썬다. 팬에 들기름을 두르고 싸리버섯을 넣어 볶다가 집간장, 소금으로 간하고 고추를 넣어 볶는다.

# 박나물

**박 400g, 청·홍 고추 1개씩, 들기름·소금·집간장 약간씩**

박은 껍질을 벗겨 한입 크기로 얇게 썰고, 청·홍 고추는 어슷썬다. 잘 달군 팬에 들기름을 두르고 박을 넣어 충분히 볶다가 물을 넣고 투명해질 때까지 끓인다. 소금, 집간장으로 간을 맞추고 청·홍 고추를 넣는다. 박에서 쓴맛이 나면 소금물에 한 번 데쳤다가 조리한다.

## 음식이 약이다 | 싸리버섯·박

단백질이 많아 어린이나 회복기 환자에게 특히 좋은 싸리버섯은 부서지기 쉬우므로 탄력 있는 신선한 것으로 골라 조심스럽게 손질한다. 결대로 쭉쭉 찢어 미지근한 물에 서너 시간 정도 담갔다가 조리해야 특유의 아린 맛을 없앨 수 있다. 볶거나 살짝 데쳐 나물로 무쳐 먹으며, 우엉이나 고구마 같은 뿌리채소와 함께 튀겨 먹어도 색다른 맛을 즐길 수 있다.

스님들은 가을 산에 올라 송이를 한두 송이 따면 이를 얇게 저며 박나물 볶을 때 함께 넣었다. 박속을 먹으려면 잘 영근 것을 골라야 하는데, 너무 오래되면 속이 휑하게 말라 먹을 게 없으므로 덩굴이 싱싱할 때 딴다. 박을 삶아 박속만 숟가락으로 긁어 꼭 짠 후 된장, 고추장, 참기름을 넣고 무쳐 먹는다.

깻잎 조림
우엉잎 조림

# 우엉잎 조림과 깻잎 조림

**우엉잎(깻잎) 40묶음, 풋고추 4개, 홍고추 1개, 조림장(물 3큰술, 집간장 3큰술, 올리브유 2큰술, 들기름 2큰술씩, 고춧가루 1큰술)**

1 우엉잎 조림과 깻잎 조림의 만드는 법은 같다. 단 우엉잎을 조릴 때는 줄기까지 함께 조린다. 분량의 조림장 재료를 섞은 후 송송 썬 청·홍 고추를 섞는다. 이때 입맛에 따라 기름을 더 넣어도 된다. 간장과 기름의 양이 비슷해야 너무 짜지 않고 고소하게 조려진다.

2 냄비에 우엉잎(깻잎)을 여러 장씩 겹쳐놓고 조림장을 조금씩 뿌려 약한불에서 끓인다. 끓기 시작하면 뚜껑을 열고 뒤적이면서 국물이 없어질 때까지 조린다.

# 재피잎 볶음

**말린 재피잎 200g, 들기름 3큰술, 집간장 1큰술, 조청 2큰술, 고춧가루 1큰술, 통깨 1큰술**

재피는 씻어 건져 물기를 뺀 후 들기름을 두른 팬에 볶는다. 냄비에 집간장, 조청을 넣고 끓으면 불을 끄고 한김 나간 후 재피잎, 고춧가루, 통깨를 넣고 무친다.

# 김 무침

**김 20장, 청·홍 피망 1/4개씩, 양념장(집간장 1 1/2큰술, 물 2큰술, 고춧가루 1/2큰술, 마른 고추 1개), 통깨 약간**

여름철에 눅진 김은 구워서 잘게 찢고, 청·홍 피망은 잘게 다진다. 냄비에 분량의 양념장 재료를 넣고 끓여 식힌다. 김에 양념장을 부어 버무린 후 청·홍 피망과 통깨를 넣는다.

# 연밥 조림

**연밥 1컵, 집간장 1큰술, 조청 1큰술**

냄비에 연밥을 넣고 자작하게 물을 부어 끓이다가 끓으면 연밥이 으깨지지 않도록 불을 줄여 익을 때까지 끓인다. 집간장과 조청을 넣고 조린다.

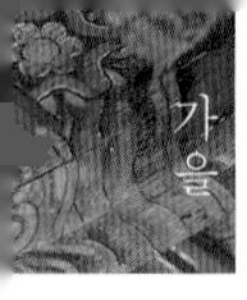

차조기 꽃대 장아찌

# 차조기 꽃대 장아찌

**차조기 꽃대** 400g, **집간장** 1컵, **물** 1컵, **다시마** (10cm) 1장, **마른 고추** 1개

차조기는 가을에 열리는 꽃대만 따서 물에 씻어 물기를 뺀다. 집간장, 물, 다시마, 마른 고추를 넣고 팔팔 끓여 식힌 후 차조기 꽃대에 부어 삭힌다.

# 방아잎 간장 장아찌

**방아잎** 200g, **물** 1컵, **집간장** 1컵, **조청** $^1/_2$컵, **마른 고추** 1개

간장에 물, 마른 고추, 조청을 넣고 팔팔 끓여 식힌다. 깨끗이 씻어 물기를 뺀 방아잎에 끓인 간장을 붓고 3일 후에 간장만 따라 다시 끓여 식힌 후 부어 익힌다.

# 방아잎 된장 버무리

**방아잎** 200g, **된장** 1컵

깨끗이 씻은 방아잎은 물기를 빼고 된장과 섞는다.

## 음식이 약이다 | 방아잎

들깨잎과 비슷한 독특한 향을 내는 방아잎은 대표적인 토종 허브로 향이 너무 강해 스스로 풀이기를 거부했다는 뜻으로 '배초향'이라고도 부른다. 향이 강해 처음 맛보는 사람은 다소 역겨움을 느낄 수도 있지만 입맛에 길들여지고 나면 짙은 향취에 매료되고 만다. 봄에 는 어린 것으로 나물을 해 먹거나 장떡의 재료로 쓰며, 여름에는 싱싱한 잎을 따서 상추에 한두 장 얹어 쌈을 싸 먹으면 잃었던 식욕이 되살아 난다. 또 가을에 걸쳐 보라색 꽃이 피면 꽃으로 부각을 많이 해 먹는다. 된장찌개에도 방아잎를 많이 넣어 먹는데 찌개가 거의 다 되었을 때 방아잎을 넣고 우르르 끓이면 된다. 겨울철에는 가을철에 말린 방아잎을 된장찌개에 넣어 먹는다. 말린 잎을 두 손바닥 사이에 대고 비벼 부스러뜨렸다가 차로 마시기도 한다. 메스꺼움이나 구토증을 자주 느끼는 사람이 방아잎을 먹으면 그 증세가 슬며시 없어진다. 꽃필 무렵의 방아잎을 검은 빛이 되도록 짙게 삶아내 그 물을 욕조의 뜨거운 물에 부어 목욕을 하면 피로 해소와 두통, 감기에 효험이 있다. 시골에서는 방아잎으로 비린내 나는 더러운 그릇을 설거지하기도 한다.

## 선재 스님의 무공해 손맛

사찰에서는 고유의 진간장을 만들어 장아찌 간장으로, 또 양념간장으로 씁니다. 솥에 물 5되(25컵), 다시마 1m, 표고버섯 20장, 찹쌀 3컵 정도를 넣고 푹 삶은 후 다시마와 표고버섯은 건져내고, 여기에 집간장 1½되(7½컵)를 붓습니다. 찍어 먹어보아 간간하면 조청을 1되(5컵) 정도 넣고, 맛을 보아가며 유기농 황설탕을 더해 식히면 됩니다. 향을 내고 싶으면 아카시아 잎 말린 것을 넣고 한소끔 끓으면 건져냅니다. 조청을 넣고 끓인 간장을 부어 만드는 장아찌의 경우 대부분 담그자마자 먹을 수 있으며, 오래 두고 먹고 싶을 때는 조청 대신 유기농 황설탕을 넣어야 합니다. 조청은 시간이 지나면 삭기 때문이지요. 또 한 가지 방법은 조청 대신 꿀을 넣는 것. 팔팔 끓인 간장을 식혔다가 장아찌 재료와 함께 버무릴 때 꿀을 넣으면 됩니다. 장아찌 담글 때 가장 주의할 점은 뭐니뭐니 해도 재료의 물기를 완전히 제거하는 것. 그래야 맛의 변질 없이 두고두고 먹을 수 있습니다.

# 토마토 간장 장아찌

**익지 않은 방울 토마토 1kg, 물 1컵, 집간장 1컵, 유기농 설탕 3큰술, 식초 3큰술**

1 아직 익지 않아 푸른 빛이 도는 방울 토마토를 골라 깨끗이 씻어 물기가 하나도 남지 않도록 닦아낸다.

2 물, 집간장에 유기농 설탕, 식초 순으로 섞어 새콤하게 맛을 낸 후 토마토에 붓는다. 유기농 설탕과 식초를 함께 넣을 때는 유기농 설탕이 완전히 녹은 다음 식초를 넣어야 유기농 설탕을 많이 넣지 않아도 단맛을 낼 수 있다.

3 하루 정도 지나면 토마토 간장 장아찌의 간장만 따라내 끓였다가 식혀 다시 붓는다. 이틀 간격으로 세 번 정도 끓이고 붓기를 반복해 푹 삭힌다. 덜 삭히면 아린 맛이 강하므로 충분히 삭힌 다음에 먹기 시작한다.

# 당귀잎 간장 장아찌

**당귀잎 400g, 집간장 1컵, 물 1컵, 다시마(10cm) 1장, 청주 1/4컵**

당귀잎은 깨끗이 씻어 물기를 없앤다. 냄비에 집간장, 물, 다시마를 넣고 팔팔 끓인 후 청주를 붓는다. 당귀잎에 간장을 부어 익힌다.

# 재피잎 간장 장아찌

**재피잎 200g, 물 1컵, 집간장 1컵, 조청 2큰술, 고춧가루 3큰술, 통깨 1큰술**

재피잎은 깨끗이 씻어 물기를 없앤다. 냄비에 집간장, 물, 조청을 넣고 팔팔 끓여 식힌 후 고춧가루, 통깨, 재피잎을 넣고 무쳐 단지에 담아 익힌다.

# 재피잎 된장 버무리

**재피잎 200g, 된장 1컵**

재피잎은 깨끗이 씻어 물기를 없애 된장에 버무린다. 방아잎과 마찬가지로 장아찌로도 먹는데 스님들은 된장에 버무려 가지고 다니면서 반찬으로 즐겨 드신다.

재피잎 된장 버무리

당귀잎

음식이 약이다 | 당귀잎

월정사 근처에는 당귀잎을 말려 가루로 내었다가 쌀가루와 섞어 떡을 만드는 당귀떡이 유명하다. 향이 진한 당귀잎은 겉절이를 해 먹기도 한다. 당귀는 특히 부인병 치료에 효과가 있는데 성질이 따뜻해 몸이 찬 사람에게 피를 만들어주고, 피의 순환을 촉진하여 생리불순을 정상화시키며, 생리통을 없애준다.

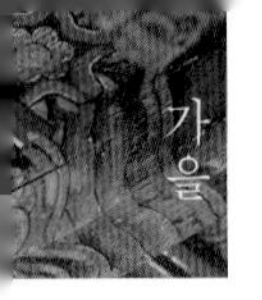


## 얼갈이 배추김치

**얼갈이 배추 1단, 굵은 소금 1컵, 물 5컵, 밀가루풀 1컵, 마른 고추 간 것 1컵, 다진 생강 1작은술, 집간장 1큰술, 소금 약간**

1 얼갈이 배추는 다듬어서 물에 씻어 건진다. 굵은 소금에 물을 부어 소금을 녹인 후 다듬어놓은 얼갈이 배추를 소금물에 담갔다 건져 그릇에 담고 소금물을 다시 부어 절인다. 적당히 절여진 얼갈이 배추는 그대로 건져 물기를 없앤다.

2 밀가루풀에 고추 간 것을 섞고 집간장, 소금으로 간한 후 다진 생강을 넣는다. 여기에 얼갈이 배추를 한 번씩 담갔다가 건져 김치통에 담고 꼭꼭 눌러놓는다.

### 불가의 먹을거리 지혜

절의 부엌인 후원에서 음식을 담당하는 소임을 '전좌(典座)'라고 하며, 불교에서는 주방 일도 불교이고, 선이라고 말합니다. 왜냐하면 불교에서는 쌀 한 톨, 채소 한 포기에도 생명이 있으며, 이를 살리는 것이 음식을 만드는 사람의 책무라고 생각하기 때문입니다. 이는 우리에게도 마찬가지로 적용되는 말입니다. 요리는 머리와 손을 동시에 쓰는 대표적인 일로 재료 구입부터 조리 방법, 간 맞추기, 담기까지 창조성이 요구됩니다. 게다가 칼질을 하다 보면 마음까지 가라앉게 되므로 남자들도 고정관념을 버리고 주방에 자주 드나들면 머리와 마음의 건강에 큰 도움이 될 것입니다.

## 누런 콩잎 장아찌

**누런 콩잎 500g, 밤 10개, 생강 2톨, 물 ½컵, 집간장 1컵, 조청 3컵, 고춧가루 ½컵**

1 가을철에 누렇게 물든 콩잎을 따서 30~40장씩 콩잎 줄기로 묶어 단지에 넣고 물을 부어 한 달 정도 삭힌다. 삭힌 콩잎에서는 냄새가 심하게 나므로 여러 번 씻은 다음 끓는 물에 삶았다가 건진다. 삶은 콩잎은 다시 깨끗이 씻은 후 물기를 꼭 짠다.

2 밤과 생강은 껍질을 벗겨 채썬다.

3 냄비에 물, 집간장, 조청을 넣고 끓여 식으면 고춧가루, 밤채, 생강채를 넣어 섞는다. 콩잎 서너 장에 한 번씩 양념장을 발라 차곡차곡 단지에 담는다.

### 음식이 약이다 | 위염에 좋은 식품

위염은 현대인들이 앓고 있는 대표적인 질환이다. 위장병의 가장 큰 원인이 잘못된 식습관과 스트레스에 있기 때문이다. 위염을 치료하려면 첫째 과식을 피해 조금씩 나눠 먹고 자극적인 음식은 피한다. 둘째 석류를 꿀이나 유기농 설탕에 재워 놓았다가 먹는다. 위가 좋지 않아 설사가 잦은 사람은 석류를 태웠다가 가루를 내어 먹거나 석류 껍질을 가루로 만들어 미음을 쑤어 먹으면 효과가 있다. 그 외에 무화과잎을 달여 먹어도 도움이 되며, 점막 세포를 합성하는 비타민U가 들어 있는 양배추를 갈아 빈속에 먹는 것도 좋다. 우엉은 위장병에 도움이 되는 대표적인 식품이므로 자주 요리를 해서 먹는다.

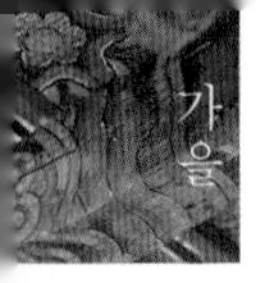

# 옥잠화 맨드라미 전

**옥잠화 10개, 잎 맨드라미 10장, 밀가루 1컵, 소금·포도씨유 약간씩**

밀가루에 소금을 넣고 물로 개어 전 반죽을 만든다. 팬에 기름을 살짝 두른 후 닦아내고 옥잠화에 전 반죽을 입혀 약한불에 놓아 부치다가 잎 맨드라미를 한 장씩 올려 모양을 내어 앞뒤로 살짝 부친다.

## 음식이 약이다 | 옥잠화·잎 맨드라미

옥잠화(玉簪花)는 꽃봉오리가 비녀처럼 생겼다고 해서 그와 같은 이름을 갖게 되었다. 어린잎은 나물로 먹으며, 꽃은 전이나 부각을 만든다. 잎 맨드라미는 색비름이라고도 부르는데 예로부터 떡을 할 때 넣으면 고운 물이 들어 애용했고, 문살 사이에 잎 맨드라미를 넣고 창호지를 발라 멋을 내기도 했다.

# 과일떡

**멥쌀 5컵, 소금 1큰술, 단호박(찐 것) 1/4개, 비트즙 1/4컵, 포도즙 1/4컵, 데친 쑥(믹서에 간 것) 1컵, 장식용 과일 약간**

1 멥쌀은 4~5시간 불린 뒤 소쿠리에 담아 물기를 빼고 소금간해 빻아 5등분한다.

2 각각 단호박 찐 것, 비트즙, 포도즙, 쑥 간 것을 섞어 손으로 비벼 체에 내리고, 1/5분량은 그대로 체에 내린다. 단맛을 더하고 싶으면 유기농 설탕 1/4컵을 나눠 넣는다.

3 중국 찜기에 젖은 면보를 깔고 오색의 쌀가루를 켜켜이 담아 김이 오른 찜통에서 20분 정도 찐다. 불에서 내려 한김 식으면 떡보다 조금 큰 쟁반을 떡 위에 엎고 뒤집는다. 면보를 뗀 후 그릇에 담고 과일로 장식한다.

은행 경단
감 단자

# 감 단자

**단감 10개, 찹쌀가루 2컵, 삶은 밤 2컵**

1 단감은 깨끗이 씻어 꼭지를 뗀 후 큼직큼직하게 자른다. 냄비에 손질한 단감과 같은 양의 물을 붓고 은근한 불에서 푹 끓인 후 체에 내려 씨를 거른다.

2 체에 내린 감은 다시 냄비에 붓고 주걱으로 계속 저으면서 양이 $\frac{1}{3}$정도로 줄 때까지 조린다. 단감이 걸쭉해지면 찹쌀가루를 조금씩 넣어가며 꽈리가 일도록 익힌다.

3 밤은 삶아 속살만 발라 곱게 으깬 후 체에 내린다.

4 ②의 감과 찹쌀가루 익힌 것을 쟁반에 부어 편평하게 편 후 잘게 끊어서 밤 고물을 묻힌다. 단자는 인절미와 비슷하지만 찹쌀을 알곡으로 찌지 않고 가루를 내어 찐다는 점이 다르다.

# 은행 경단

**은행 $\frac{1}{2}$컵, 찹쌀가루 2컵, 잣가루 1컵, 소금 약간**

1 은행은 마른 팬에 볶아 속껍질을 벗긴 후 믹서에 물을 조금 넣고 곱게 간다.

2 찹쌀가루에 ①의 은행을 넣고 반죽해 경단을 만든다.

3 끓는 물에 소금을 조금 넣고 경단을 넣는다. 경단이 위로 동동 떠오르면 익은 것이므로 체에 건져 재빨리 흐르는 물에 헹구고 물기를 뺀다.

4 둥근 접시나 쟁반에 잣가루를 펼쳐놓고 물기 뺀 경단을 하나씩 떨어뜨려 접시째 흔들면 고물이 고루 묻는다. 팥고물이나 콩고물을 묻혀도 좋다.

# 무화과 잼

**무화과 1kg, 유기농 설탕 2컵**

1 무화과는 반으로 갈라 속만 파낸다.

2 두꺼운 냄비에 무화과와 유기농 설탕을 넣고 바닥이 눌어붙지 않도록 주걱으로 저어가며 조린다.

## 음식이 약이다 | 무화과

가을철에 남쪽 지방에 가서나 맛볼 수 있는 무화과를 불교 의학에서는 평생 복용할 수 있는 진형수약(盡刑壽藥)의 하나로 꼽는다. 식물성 섬유인 펙틴이 많아 변비, 설사 등에 뛰어난 약효를 발휘하며, 피틴이라는 단백질 분해 효소가 들어 있어 인체의 노폐물이나 병적인 세포를 제거한다. 말린 무화과잎을 물에 넣고 목욕을 하면 신경통 치료에 좋다고 하며 부처님도 무화과 약탕을 이용해 류머티즘과 비슷한 증상을 고쳤다고 전해진다. 무화과의 넓은 잎은 튀겨 먹는다.

뽕잎차
오갈피차
감잎차
칡차

## 오갈피차

오갈피는 '땅 속에는 산삼, 땅 위에는 오갈피'라는 말이 있을 만큼 약성이 뛰어나다. 오갈피잎을 따 행주로 닦아 1cm길이로 썰고, 냄비는 뜨겁게 달군다. 불을 줄인 후 목장갑을 낀 손으로 오갈피잎에 고루 불기가 가도록 덖은 후 응달에 말렸다가 끓여서 식힌 물에 우려 마신다.

## 뽕잎차

열매인 오디는 술을 담그고, 뽕잎은 누에를 먹이며, 뽕나무 가지에 돋는 상황버섯 또한 귀한 약재로 사용되는 등 어느 하나 버릴 게 없는 것이 바로 뽕나무다. 뽕잎차는 끓여서 식힌 70~80℃의 물에 우려 마시는데 들국화 말린 것을 몇 개 띄워 마시면 더욱 좋다. 뽕잎차는 중풍 해소 고혈압, 신경통에 특효약이며 비타민C가 많아 피로 해소에도 도움이 된다.

## 칡차

봄에 핀 칡꽃과 칡순을 따서 같은 양의 꿀에 재워 칡 농축액을 만들어 6개월 정도 발효시켰다가 마신다. 뜨거운 물에 타서 마시는데 여름철에는 차게 마신다.

## 감잎차

단오가 지난 후 아침 일찍 감잎을 따서 깨끗이 씻어 행주로 닦아 채썬다. 김이 오른 찜통에 베보를 깔고 1분간 찐 후 꺼내 3분간 식히기를 세 번 반복해 응달에 말린다. 감잎차는 고혈압, 심장병, 동맥경화증 예방에 특히 효과적이며 하루에 말린 잎 3~9g을 끓여서 식힌 70~80℃의 물에 우려 여러 번 마시면 된다.

## 마가목차

마가목잎은 6~9월 사이에 채취해 오갈피잎과 같은 방법으로 뜨거운 솥에 덖은 후 응달에 말린다. 끓여서 식힌 물에 한 숟가락씩 넣어 우려 마시는데 마가목은 잎뿐 아니라 열매와 나무껍질도 차나 술로 마신다.

마가목차

음식이 약이다 | 오갈피·마가목

오갈피나무는 산삼처럼 깊은 산속 그늘진 흙에서 자랄 뿐 아니라, 잎 모양도 구별할 수 없을 만큼 비슷하다. 민간이나 한방에서 허약체질 치료제로 썼는데 특히 뿌리나 줄기 껍질로 담근 술은 경상남도 지방의 토속주로 요통, 손발저림, 반신불수 치료에 효과적이라고 한다. 마가목이라는 이름은 옛날에 이 나무를 말 값만큼 주고 사서 아버지 병을 고쳤다는 일화에서 유래했다. 오대산 같은 깊은 산에서 자라며 열매와 나무껍질은 물을 붓고 달여 마시면 기관지염에 특히 효과적이다.

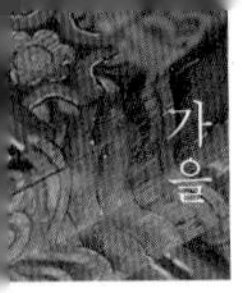



# 사찰의 별식, 부각

부각은 채식을 하는 스님들의 열량 부족을 해결해주는 중요한 음식이다. 김, 깻잎, 다시마, 가죽잎, 산동백잎, 국화잎, 깨송아리 등에 찹쌀풀이나 찹쌀밥을 발라 만드는데 가을철 햇볕이 좋은 날 아침부터 준비해 그날 중에 완전히 말려야 깨끗하다. 날이 안 좋으면 잘 마르지 않고 쉬거나 상해버린다.

**찹쌀 삭히기** 부각용 찹쌀풀을 만들 때는 일주일 이상 물에 담가놓은 찹쌀을 써야 나중에 튀겼을 때 잘 부푼다. 특히 유과를 만들 때는 찹쌀을 한 달 정도 삭혀 쓰기도 하는데 이는 오래 담가둬야 잘 부풀기 때문이다.

**찹쌀풀 쑤기** 삭힌 찹쌀은 먼저 믹서에 간다. 간 찹쌀을 냄비에 붓고 오랫동안 나무 주걱으로 저으면서 꽈리가 생길 때까지 조금 되직하게 풀을 쑤어 식힌다.

**찹쌀풀 발라 말리기** 찻잎, 산동백, 깨송이 등 부각 재료에 찹쌀풀을 발라 서로 겹치지 않게 체에 널어 준다. 처음에는 쟁반에 비닐 랩을 깔고 부각을 널어 붙지 않도록 여러 번 떼주고 어느 정도 마른 후 채반에 옮겨 말리는 것이 요령이다.

**튀기기** 기름이 완전히 달궈진 후 재료를 넣어 튀기는데 기름에 넣자마자 찹쌀풀이 부풀어오르므로 체를 기름에 담근 채 튀겨 바로 꺼내도록 한다.

**찻잎 부각** 차를 우리고 남은 찻잎을 말려 한입 크기로 덩어리를 지어 찹쌀풀을 발라 말렸다가 튀긴다.

**다시마 부각** 일주일쯤 삭힌 찹쌀을 김이 오른 찜통에 올려 찐다. 한김 오르면 꺼내 찬물에 넣고 알알이 떼어 건져 다시 한번 찐다. 다시마는 젖은 행주로 닦아 찹쌀풀을 바르고 준비한 찹쌀밥을 붙여 말린다. 빳빳하게 마르기 전에 가위로 작게 썬 후 바싹 말려야 한다.

**김 자반** 찹쌀풀에 고춧가루, 간장, 참기름, 통깨를 섞는다. 김에 솔로 풀을 고루 바르고 김 한 장을 겹친 후 다시 풀을 바르고 김을 얹는다. 그 위에 풀을 바른 다음 재피잎을 군데군데 얹는다. 꾸덕꾸덕해지면 가위로 작게 썬 후에 냉장고에 보관하며 먹는다.

**김 부각** 김에 찹쌀풀을 고루 바르고 김 한 장을 겹친 후 다시 풀을 마르고 흰깨를 얹어 말린 다음 튀겨낸다.

**깨송아리·차조기 꽃대 부각** 깨송아리, 차조기 꽃대는 열매가 여물기 전에 따서 찹쌀풀을 발라 말린 후 튀긴다.

**산동백 부각** 생강나무라고도 하는 산동백도 부각의 재료. 한쪽에 찹쌀풀을 발라 말린 후 튀긴다.

**감자 부각** 감자는 껍질을 벗겨 얇게 썰어 서너 시간 동안 물에 담가 녹말을 가라앉힌다. 녹말이 다 빠진 후 감자를 삶아야 부서지지 않는다. 끓는 소금물에 감자를 넣고 투명해질 때까지 삶은 후 채반에 널어 말린다. 감자는 금방 익으므로 체를 담근 채 튀겨내야 쉽다.

# 겨울

겨울(12월 21일~3월 20일)은 응축의 계절이다. 겨울내 필요한 에너지를 저장하기 위해 신진대사가 더욱 활발히 이루어지는 시기이기도 하다. 또한 추운 날씨로 인해 순환계 기능의 저하가 일어나 중풍이 자주 발생한다. 식물성 단백질 가운데 최고로 꼽히는 콩의 충분한 섭취가 필요한 것도 그 때문이다. 두부, 비지, 청국장 등 콩 음식은 영양분의 체내 축적을 위해서도 필수적이지만, 콜레스테롤을 없애주고, 동맥의 노화를 방지해 중풍을 예방하는 효과가 있다.

冬

# 떡국

**떡 500g, 표고버섯 5개, 다시마 (20cm) 1장, 무 1토막, 말린 참죽 줄기 약간, 김 1장, 들기름·집간장 약간씩**

1 표고버섯은 물을 조금 부어 1시간 정도 불린다. 김은 구워서 가위로 가늘게 채썬다. 다시마는 물에 한 번 씻고 무는 적당한 크기로 납작하게 썬다.

2 냄비가 달구어지면 들기름을 넣고 적당한 크기로 찢은 표고버섯과 다시마, 무를 넣어 볶는다. 잘 볶아지면 물을 조금만 부어 더 볶다가 뽀얗게 국물이 우러나면 말린 참죽 줄기를 넣고 물을 부어 집간장으로 삼삼하게 간을 맞춰 푹 끓인다.

3 적당히 끓으면 건지는 모두 건져내고 떡을 넣는다. 끓으면 그릇에 담고 채썬 김을 올려 낸다.

말린 참죽 줄기

# 팥죽

**쌀 ½컵, 팥 2컵, 새알심(찹쌀가루 2컵, 따뜻한 물 6큰술, 소금·생강즙 1작은술씩), 멥쌀가루·소금 약간씩**

1 쌀은 씻어서 2시간 이상 물에 불려 소쿠리에 건져 물기를 뺀다.

2 팥은 잘 씻어서 서너 배 정도의 물을 붓고 한 번 우르르 끓으면 그 물은 따라 버리고 다시 8~9배 정도의 물을 붓고 은근한 불에서 푹 무르도록 삶는다. 푹 퍼지도록 삶아지면 소쿠리에 건져 뜨거울 때 나무 주걱으로 대강 으깨고 소쿠리에 팥 삶은 물을 부으면서 걸러 껍질은 버리고 앙금은 가라앉힌다.

3 찹쌀가루에 소금, 생강즙을 넣고 따뜻한 물을 조금씩 부어가며 약간 되직하게 익반죽해 지름 1cm 크기의 새알심을 만든다. 멥쌀가루를 쟁반에 골고루 뿌리고 새알심을 놓아 한 번 굴린다.

4 걸러둔 팥물의 앙금이 가라앉으면 웃물만 따라내어 끓이다가 불린 쌀을 넣고 중간불에서 죽을 쑨다. 쌀이 퍼지면 앙금을 조금씩 넣어가며 죽이 눌러붙지 않도록 나무 주걱으로 잘 저어가며 끓인다.

5 쌀이 다 퍼지면 새알심을 넣고 소금간한 후 새알심이 떠오르면 불을 끈다.

### 선재 스님의 무공해 손맛

사찰의 떡국은 육수 대신 표고버섯, 다시마, 무 등으로 담백한 맛을 내는 게 특징입니다. 국물을 낼 때 말린 참죽 줄기를 함께 넣으면 독특한 맛이 나지요. 참죽은 봄에 순이 났을 때 겉절이나 장아찌, 부각을 만들어 먹고, 줄기는 말렸다가 두고두고 국물 낼 때 쓴답니다. 떡국 국물을 만들 때는 반드시 들기름을 써야 뽀얗게 국물이 납니다. 또 국물에서 건진 표고버섯은 볶아 고명으로 올려도 되고 조려 먹어도 좋지요. 다시마도 곱게 채썰어 기름에 볶다가 집간장, 조청을 넣고 조리면 밑반찬으로 좋습니다. 고명은 김 외에 구운 두부, 볶은 당근과 호박, 국물에서 건진 표고버섯 등을 채썰어 올려도 좋습니다.

팥죽은 동지의 절식이지요. 팥의 붉은색이 악귀를 쫓아내고 나쁜 액운을 막아준다고 하여 1년 중 가장 낮이 짧은 동짓날, 다가오는 새해의 나이 수만큼의 새알심을 넣은 팥죽을 먹었던 것이지요. 스님들은 팥죽을 '지혜죽'이라고 하지요. 「법화경(法華經)」 공부를 다 마치고 나면 책거리로 팥죽을 먹었다고 해서 그렇게 부른답니다. 또 「송률(十誦律)」이라는 불전에 따르면 부처님께서 스스로의 몸 안에 냉기가 생기자 참깨, 쌀, 팥을 함께 넣고 죽을 끓여 드셨다고 하는데, 그 죽의 이름이 삼신죽이었다고 합니다. 게다가 팥에는 쌀밥을 먹으면 부족하기 쉬운 비타민B1이 많이 들어 있습니다. 동지 때 팥죽을 먹는 것은 겨울철 부족하기 쉬운 영양소를 공급하기 위한 조상들의 지혜에서 나온 음식 습관이기도 합니다. 팥죽은 처음에 팥을 한 번 우르르 끓여 물을 따라내고 새 물을 부어 삶아야 쓴맛이 나지 않지요. 또 약한불에서 서서히 끓여야 눋지도 않거니와 팥의 붉은색이 곱게 난답니다. 새알심을 만들 때는 생강즙을 조금 넣으세요. 향이 색다르거든요.

# 단호박 시루떡

**단호박 1개, 멥쌀 5컵, 흰팥고물 3컵, 무 ½개, 소금 약간**

**1** 단호박은 반으로 갈라서 씨만 털어내고 찜통에 쪄낸 후 속만 긁어낸다.

**2** 멥쌀은 4~5시간 정도 물에 담가 푹 불린 후 소쿠리에 담아 물기를 뺀 다음 방앗간에서 단호박과 함께 소금간해 가루를 낸다. 소금간은 불리지 않은 쌀 5컵에 소금 1큰술 정도면 알맞다.

**3** 고물을 만든다. 껍질이 반 정도 벗겨진 흰팥을 미지근한 물에 담가 불린다. 여름에는 3~4시간, 겨울에는 6~7시간 정도 불리면 알맞다. 팥을 불리고 있는 물에 손을 넣어 팥을 비빈 다음 껍질만 조리로 일면서 건져낸다. 팥을 불린 물에서 껍질을 벗겨야 껍질도 잘 벗겨지고 맛도 많이 빠지지 않는다. 껍질과 불순물을 골라낸 팥은 건져 찬물로 헹군 뒤 물기를 없앤다.

**4** 찜통 밑에 베보를 깔고 팥을 넣은 뒤 30~40분 정도 푹 찐다. 손으로 만져보아 쉽게 으깨지면 된다. 흰팥 5컵에 소금 1큰술 정도의 비율로 소금간해 방망이로 으깬 뒤 굵은 체에 내린다. 불린 팥의 경우 2~3배 정도 부피가 늘어나므로 이를 감안해 소금 양을 정한다.

**5** 무는 큼직하게 나박썰기해 시루 바닥에 깐다. 젖은 베보나 한지를 깔고 분무기로 물을 뿌려도 된다. 팥고물을 1cm 두께로 깐 후 호박과 섞은 쌀가루를 3cm 두께로 얹은 후 다시 팥 얹기를 반복해 켜켜이 안친다.

**6** 김이 오른 찜통이나 시루에서 25분간 찐다. 대꼬치로 찔러보아 흰 가루가 묻어나지 않으면 익은 것이므로 불을 끈 뒤 찜통 안의 떡을 쟁반에 쏟는다. 한지를 떼어낸 뒤 한김 식혀 먹기 좋은 크기로 자른다.

단호박

## 선재 스님의 무공해 손맛

호박은 '주방의 만능 약'이라 합니다. 미나리는 혈압을 내리는 성질이 있어 혈압이 높은 이에게는 약이 되지만, 저처럼 저혈압인 사람에게는 좋지 않은 데 반해 호박은 체질과 상관없이 모든 사람에게 좋은 식품이라 이런 별명이 붙었습니다. 게다가 호박은 비타민A, B, C 등을 다량 함유하고 있어, 겨울철 영양식으로 으뜸입니다. 늙은 호박은 주스로도 먹는데 씨만 빼고 찜통에 넣어 찐 후 물을 조금만 넣고 믹서에 갈아 마시면 됩니다. 주스를 만들고 남은 호박씨로는 식초를 만들지요. 호박씨 식초는 공복에 마시는데 동맥경화 예방에 도움이 됩니다. 만드는 법은 다음과 같습니다. 호박씨를 볶아 절구에서 잘게 부순 후 병에 ⅓정도 담고 현미 식초를 붓습니다. 호박씨가 부풀어오르면 다시 현미 식초를 병에 가득 붓고 열흘간 두었다가 액만 따라 마시는데, 흑임자나 콩 식초도 같은 방법으로 만듭니다.

# 늙은 호박전

**늙은 호박 1/4개, 밀가루 1/2컵, 포도씨유·소금 약간씩**

1 늙은 호박은 겉을 닦아내고 껍질을 벗겨 샛노란 속살은 그대로 둔 채 씨만 털어낸다. 샛노란 속살은 숟가락으로 긁어내고, 다른 부위는 채칼로 썰어 다진 후 소금을 넣고 조물조물 주물러 살짝 절인다.

2 호박에 물이 생기면 밀가루를 넣어 되직하게 반죽한다. 쌀가루나 찹쌀가루를 넣어도 된다. 호박의 단맛이 너무 강하면 부쳤을 때 지르르해지기 때문에 밀가루를 조금 넉넉히 넣어 되게 반죽한다. 전을 한두 개 부치면서 반죽의 정도를 가늠하도록 한다.

3 팬이 달궈지면 기름을 넉넉히 두르고 반죽을 조금씩 떠놓아 전을 부친다. 호박전은 얇아야 노르스름한 색도 살고 모양도 예쁘다. 부칠 때는 전의 끄트머리를 누르지 말고 전체적으로 눌러가며 부쳐야 예쁘다.

### 선재 스님의 무공해 손맛

늙은 호박하면 호박죽을 떠올리시지만 전만큼 호박을 많이 먹을 수 있는 방법도 없습니다. 게다가 호박과 밀가루를 함께 먹으면 몸이 부을 걱정도 없거든요. 사실 저도 절에 들어오기 전에는 호박을 좋아하지 않았답니다. 그래서 맛있게 먹는 법을 여러 모로 궁리했는데 늙은 호박전이 그 중 하나입니다.

# 늙은 호박국

**늙은 호박(작은 것) 1/3개, 물 호박 양의 2배, 청·홍 고추 1개씩, 들기름·소금 약간씩**

1 늙은 호박은 껍질을 벗겨 씨만 털어내고 납작하게 썬다. 잘 달궈진 냄비에 들기름을 두르고 호박을 넣어 잘 볶는다. 청·홍 고추는 어슷썬다.

2 어느 정도 볶아지면 물을 붓고 끓인다. 호박이 덩어리 없이 풀어질 정도로 푹 끓으면 소금간하고 어슷썬 청·홍 고추를 넣는다.

### 선재 스님의 무공해 손맛

예부터 '동지 전에 늙은 호박을 많이 먹으면 중풍에 걸리지 는다'고 했지요. 이렇게 몸에 좋은 호박이지만 제대로 익혀 먹을 때만 약이 되지요. 애호박도 마찬가지. 전을 부칠 때 색을 살리려고 덜 익혀 먹는 것은 몸에 해롭거든요. 가능한 한 전을 얇게 부친다면 덜 익을 걱정은 안 해도 되겠지요.
사찰음식은 음식이기 이전에 약입니다. 하지만 많은 분들이 약은 다 버리고, 다른 것만 먹는 것 같습니다. 늙은 호박도 씨가 있는 속을 모두 긁어내어 버리는데, 사실은 샛노란 속 부분에 맛도 영양가도 3분의 1 이상이 들어 있습니다. 저는 호박씨는 씨대로 모아 말렸다가 튀겨 강정을 해 먹어요. 호박씨에는 머리를 좋게 하는 성분이 있다지요. 별로 좋은 말은 아니지만 영악한 사람에게 '뒤로 호박씨 깐다'는 표현을 쓰는 것도 호박씨 속에 두뇌 활동을 돕는 성분이 들어 있기 때문입니다.

# 삼색 밀전병 동치미 국수

**치자 밀전병(밀가루 1컵, 소금 1/4작은술, 치자물 1컵), 시금치 밀전병(밀가루 1컵, 소금 1/4작은술, 시금치 간 것 1 1/2큰술, 물 1컵), 비트 밀전병(밀가루 1컵, 소금 1/4작은술, 비트 간 것 1큰술, 물 1컵), 동치미 국물 적당량, 홍고추 1개, 포도씨유·유기농 설탕·식초 약간씩**

1 치자는 반으로 쪼개 물에 담가 색을 내고, 시금치는 물을 조금 넣고 믹서에 간다. 비트는 강판에 간다. 체에 내린 밀가루를 3등분하고, 각각 분량의 물과 소금, 채소즙을 넣어 거품기로 잘 젓는다. 부치기 1시간 전쯤에 반죽을 만들어두는 것이 좋다.

2 홍고추는 곱게 채썬다. 식성에 맞춰 동치미 국물에 유기농 설탕과 식초를 더한다.

3 약한불에서 팬을 달궈 기름을 조금만 두른 뒤 반죽을 국자로 떠넣어 얇게 부친다. 표면이 말갛게 되면 뒤집어 마저 익힌다. 기름을 많이 두르거나 센불에 부치면 딱딱해지므로 주의한다. 완성된 밀전병은 채반에 겹치지 않도록 놓아 차게 식혔다가 접어서 곱게 채썬다. 이때 냉장고에 잠시 넣어두면 더 쫄깃하다.

4 그릇에 색색의 채썬 밀전병을 담고 홍고추를 얹은 후 동치미 국물을 부어 낸다. 여름에는 동치미 국물 대신 오이 냉국을 만들어 말아 먹어도 별미다.

# 만가닥버섯 무채 무침

**만가닥버섯 200g, 풋고추 1개, 무 100g, 고춧가루 1큰술, 고추장·유기농 설탕·식초 1/2큰술씩, 소금·통깨 약간씩**

1 만가닥버섯은 끓는 물에 데친 후 찢어서 물기를 꼭 짠다. 풋고추는 씨를 빼고 가늘게 채썬다.

2 무는 채썰어 고춧가루에 무쳐 빨갛게 물들인 후 고추장, 유기농 설탕, 식초 , 소금을 넣어 버무린다.

3 ②에 만가닥버섯, 풋고추, 통깨를 넣고 무친다.

## 불가의 먹을거리 지혜

제가 사찰음식을 이야기할 때 꼭 언급하는 노스님의 말이 있습니다. '버리지 않으면 먹을 궁리가 생긴다.' 실제 절에서는 버리는 것이 하나도 없습니다. 한번은 이런 일이 있었습니다. 절에서 콩나물을 기르고 있었는데, 염불에 열중하느라 물 주는 것을 깜박 잊었습니다. 생각이 나서 시루를 찾았을 때는 어느새 콩나물 뿌리가 길게 자라 있었습니다. 놀란 제가 뿌리를 잘라버리려 하자 이를 본 노스님께서 뿌리를 잘라 씻어 오라고 하시더니, 간장에 박아 장아찌를 담그시더군요. 며칠 후에 먹어보니 여간 맛있는 게 아니었습니다. 날 콩나물 뿌리에 들어 있는 아스파라긴산이 약용성분으로 폭발적인 인기를 끄는 것을 보면서 사찰음식이 약이 되는 것은 아무리 작은 것이라도 귀히 여기고 정성을 들여 음식을 만드는 마음 때문이 아닐까 하는 생각을 해보았습니다. 그 뒤로 콩나물을 먹을 때마다 '음식을 귀하게 여기는 사람만이 좋은 약을 먹을 수 있다'는 노스님의 가르침을 마음속에 새기곤 합니다.

## 콩나물 장조림

**콩나물 1kg, 집간장 3큰술, 조청 3큰술, 참기름·통깨 약간씩**

1 콩나물은 김이 오른 찜통이나 냄비에 넣고 찐다.

2 ①에 집간장과 조청을 넣고 은근한 불에서 오래도록 조린다. 콩나물이 쪼그라들 만큼 조려졌을 때 참기름, 통깨를 넣고 무친다.

## 콩나물 마지기국

**콩나물 400g, 물 4컵, 마지기(말린 것) 30g, 집간장·참기름·소금 약간씩**

1 마지기는 물에 불려 적당한 크기로 잘라 집간장, 참기름으로 양념한다. 콩나물은 깨끗이 씻어 건진다.

2 냄비에 콩나물과 물을 붓고 끓이다가 콩나물이 다 익으면 소금으로 간한 후 양념한 마지기를 넣고 불을 끈다. 그래야 마지기가 파랗다.

## 콩나물 잡채

**콩나물 400g, 당면 100g, 집간장 $1\frac{1}{2}$큰술, 유기농 흑설탕 1큰술, 참기름·통깨·후춧가루 약간씩**

1 콩나물은 냄비에 넣고 뚜껑을 덮어 익힌다. 당면은 찬물에 담가 충분히 불렸다가 적당한 길이로 자른다.

2 콩나물에 김이 한 번 오르면 뚜껑을 열고 집간장, 유기농 흑설탕을 넣고 끓이다가 물이 생기면 당면을 넣고 젓가락으로 계속 저으면서 조린다. 국물이 없어지고 당면에 윤기가 생길 때까지 젓가락으로 저으면서 볶아야 오래 두어도 당면이 붇지 않는다. 마지막으로 참기름, 통깨, 후춧가루를 넣고 한 번 뒤적인다.

## 감자탕

**감자 4개, 표고버섯 8장, 다시마(10cm) 1장, 집간장·들기름·고춧가루 약간씩**

1 감자는 껍질을 벗겨 크게 4등분해 집간장에 절인다. 그래야 감자탕을 끓였을 때 잘 부스러지지 않는다. 표고버섯은 물에 불려 큰 것은 손으로 쭉쭉 찢는다. 다시마는 물에 한 번 씻는다.

2 냄비에 들기름을 두르고 감자, 표고버섯을 넣고 볶다 다시마, 감자 절였던 집간장, 고춧가루를 넣고 더 볶는다. 감자에 간이 배면 물을 자작하게 부어 뚜껑을 닫고 끓이다 끓으면 뚜껑을 열고 불을 줄여 푹 끓인다.

## 김치찌개

**묵은 김치 ½포기, 느타리버섯 300g, 소금 약간, 들기름·고추장·된장·유기농 설탕 적당량씩, 청·홍 고추 1개씩**

1 김치는 포기를 반으로 가른다. 느타리버섯은 끓는 물에 소금을 넣고 데쳐 놓는다. 고추는 어슷썬다.

2 잘 달군 냄비에 들기름을 두르고 김치, 느타리버섯을 넣어 볶는다. 간을 보아가며 된장, 고추장, 유기농 설탕을 넣고 더 볶아 구수한 맛을 낸 후 자작하게 물을 붓고 푹 끓이고 마지막으로 어슷썬 고추를 넣는다.

# 감자국

**감자(중간 크기) 4개, 풋고추 2개, 들기름·집간장·소금·참기름·통깨 약간씩**

**1** 감자는 깨끗이 씻어 껍질을 벗긴 후 얇게 썬다. 풋고추는 손으로 비벼 씨를 턴 후 곱게 송송 썬다.

**2** 냄비에 감자를 담고 물을 자작하게 부은 다음 들기름을 조금 넣고 끓인다. 국이 끓으면 불을 중간 정도로 줄인 후 감자가 다 익으면 불을 약하게 하여 뚜껑을 열고 덩어리가 거의 없어질 정도로 주걱으로 툭툭 치면서 으깬다. 집간장으로 색을 맞추고 소금간한다. 송송 썬 풋고추를 넣고 불을 끈 다음 참기름, 통깨를 뿌려 상에 낸다. 감자죽, 감자 수프라는 말이 더 어울리는 음식으로 물의 양을 줄여 아침 대용으로 먹어도 좋다.

# 감자 옹심이

**감자 10개, 표고버섯 10장, 다시마(20cm) 1장, 애호박 ½개, 들기름 1큰술, 집간장·소금 약간씩, 들기름 1큰술, 양념장(집간장 5큰술, 청·홍 고추 1개씩, 통깨 2큰술, 참기름 2큰술)**

**1** 감자는 껍질을 깎아 강판에 간다. 표고버섯은 물에 불리고 다시마는 물에 한 번 씻는다. 애호박은 채썬다.

**2** 감자 간 것을 면보에 꼭 짜 건더기는 따로 그릇에 담고 국물은 가라앉힌다. 녹말이 바닥에 가라앉으면 국물은 따라 버린다. 감자 건더기와 그릇에 가라앉은 녹말을 섞어 소금간한 후 먹기 좋은 크기로 경단을 빚는다. 이때 반죽이 되면 끓였을 때 옹심이가 너무 딱딱해지므로 약간 질게 느껴질 정도로 반죽한다.

**3** 잘 달궈진 냄비에 들기름을 두른 후 표고버섯과 다시마를 넣어 볶다가 물을 조금 넣고 끓인다. 뽀얗게 국물이 우러나오면 물을 넉넉히 붓고 집간장으로 심심하게 간을 맞추고 국물이 끓으면 표고버섯과 다시마는 건지고 옹심이를 넣는다. 채썬 애호박을 넣어 끓인 후 옹심이가 떠오르면 불을 끈다.

**4** 그릇에 감자 옹심이를 담고 건져낸 다시마를 채썰어 얹은 후 양념장과 함께 낸다.

연밥

## 불가의 먹을거리 지혜

고대 인도에서 연은 여성의 생식력의 상징이었습니다. 이에서 비롯되어 연은 다산, 힘, 생명, 창조, 행운, 장수, 건강, 번영, 명예 등을 상징하게 되었는데, 태반과 연잎의 모습이 닮았다는 데서 그 이유를 찾기도 합니다. 연의 뿌리, 열매, 꽃은 모두 약입니다. 연근에는 아스파라긴과 티로신, 정자를 만드는 데 중요한 알기닌과 같은 아미노산이 함유되어 있습니다. 연근을 자르면 색이 검게 변하는 것은 철과 타닌 때문으로, 이 성분들이 위궤양과 빈혈 치료에 효과가 있다고 합니다. 생연근을 갈아 그 즙을 한두 컵씩 마시면 위궤양, 천식, 폐결핵이나 치질로 인한 하혈을 막는 데도 효과가 있다고 합니다. 잎에도 타닌이 풍부하기 때문에 말렸다가 달여 마시면 지혈, 지사, 이뇨 등에 효과적입니다. 연밥은 가슴이 두근거리거나 불면증, 어지럼증 등의 증상에 약용으로 쓰는데, 말린 연밥을 가루 내어 죽을 쑤어 먹습니다.

# 연근 초절임

**연근(중간 크기) 2개, 비트(작은 것) 1개 , 유기농 설탕 3큰술, 소금 1큰술, 식초 3큰술**

1 연근은 껍질을 벗겨 서너 등분한다. 바깥 부분을 꽃 모양으로 도려내어 끓는 소금물에 살짝 데쳐낸다.

2 비트는 강판에 간 후 면보에 밭쳐 즙을 낸다. 비트즙에 유기농 설탕, 소금, 식초로 간한 후 연근을 담가둔다.

3 연근에 색이 배면 적당한 굵기로 자른다. 연근을 처음부터 얇게 잘라 색을 내면 겉과 안의 색에 별다른 차이가 나지 않는다. 굵게 서너 등분해 색을 낸 후 얇게 저며야 겉과 안의 색의 농도 차이 때문에 더 예쁘다.

# 연근죽

**현미찹쌀 1컵, 연근 1개, 소금 약간**

1 현미는 2시간 정도 충분히 불렸다가 8배의 물을 부어 죽을 끓인다. 연근은 껍질을 벗겨 강판에 간다.

2 죽이 어느 정도 끓으면 연근 간 것을 넣고 우르르 한 번 끓인 후 소금으로 간한다. 얇게 저민 연근 한두  을 끓는 소금물에 데친 후 죽에 올려 낸다.

# 연근 조림

**연근(중간 크기) 1개, 집간장 1큰술, 조청 1큰술, 들기름 2큰술**

1 연근은 깨끗이 씻어 껍질을 벗겨 적당한 두께로 썬다. 이때 연근을 물에 담가놓거나 데치지 않는다.

2 두꺼운 냄비에 들기름을 두르고 연근이 투명해질 때까지 볶는다. 센불에서 볶다가 중간불로 줄여야 잘 익는다. 다 익으면 집간장, 조청을 넣어 조린다.

# 연근 말차 찹쌀찜

**연근 2개, 찹쌀 ½컵, 말차(가루녹차) 4큰술, 소금 약간**

1 연근은 껍질을 벗겨 5cm 길이로 토막 내 꽃 모양으로 손질한다. 찹쌀은 물에 서너 시간 정도 불려 건져 소금간한 후 말차를 섞어 색을 낸다.

2 연근의 구멍마다 색을 낸 찹쌀을 채워넣고 김이 오른 찜통에 넣어 찐다. 익은 연근은 적당한 두께로 잘라 차와 함께 낸다.

# 사과차

**사과 5개, 유기농 설탕 300g**

사과는 씨만 빼고 껍질째 얇게 저민다. 물기를 완전히 제거한 유리병에 사과와 같은 분량의 유기농 설탕을 켜켜이 담는다. 사과가 위로 뜨면 국물을 한두 숟가락씩 찻잔에 담고 뜨거운 물을 부어 마신다.

## 선재 스님의 무공해 손맛

무꿀절임

사과에는 비타민C가 풍부해 감기 치료에 좋습니다. 특히 껍질에 영양소가 많기 때문에 껍질째 차를 만들어야 합니다. 사과차와 함께 겨울 내내 두고 먹는 것이 바로 무꿀절임입니다. 납작하게 썬 무를 유리병에 담고 꿀을 부으면 무는 위로 뜨고 아래에 물이 고이지요. 그 물을 한두 숟가락씩 떠서 찻잔에 넣고 뜨거운 물을 부어 마시는데 특히 기침감기 치료에 좋지요.

# 연잎차

가을에 백련잎을 따서 깨끗이 씻어 마른 행주로 물기를 말끔히 닦은 후 채썬다. 두꺼운 팬에 손질한 잎을 넣고 막장갑을 낀 손으로 구수한 냄새가 날 때까지 덖어 응달에서 말린다. 덖는다는 것은 두꺼운 솥의 열기로 잎을 덥히는 것. 찻잔에 연잎차를 한 숟가락 담고, 끓였다가 70℃ 정도로 식힌 물을 부어 우려 마신다.

# 연밥 정과

**연밥 200g, 조청 1컵, 유기농 설탕·소금·꿀 약간씩**

1 연밥은 충분히 불린다. 냄비에 연밥을 넣고 자작하게 물을 부어 센불에서 끓이다가 끓으면 불을 줄인다.

2 연밥이 다 익으면 유기농 설탕, 소금, 조청을 넣어 좀 더 조린 후 연밥이 투명해지면 꿀을 넣고 잠시 더 조린다.

# 연밥 국수

**국수 반죽(밀가루 2컵, 연밥가루 1컵, 백년초가루 2큰술, 소금물 적당량), 당근 50g, 호박 100g, 표고버섯 4장, 무 200g, 다시마(20cm) 1장, 말린 참죽 줄기 20g, 마른 고추 1개, 들기름·집간장·소금 약간씩**

1 세 가지 가루를 골고루 섞어 체에 내린 후 소금물을 조금씩 부으며 국수 반죽을 한다. 가는 국수를 만들어 끓는 물에 소금을 넣고 삶아 찬물에 헹궈 건진다.

2 당근과 호박은 채썰고, 표고버섯은 불려 가늘게 채썬다. 각각 들기름을 두른 팬에 소금간해 볶는다.

3 무는 큼직하게 썰어 냄비에 담고, 다시마, 참죽 줄기, 마른 고추를 넣은 후 물을 넉넉히 부어 푹 끓인다. 건더기는 건져내고 집간장, 소금으로 간한다.

4 그릇에 국수, ②의 고명 순으로 담고 국물을 붓는다.

## 무채 두부찜

**두부 2모, 표고버섯 10장, 무 1/3개, 홍고추 3개, 미나리 100g, 고춧가루 1큰술, 집간장 1 1/2큰술, 포도씨유·소금·통깨 약간씩**

1 두부는 1cm 두께로 썰어 소금을 약간 뿌려 기름 두른 팬에 노릇노릇하게 지진다. 표고버섯은 불려 밑동을 떼고 채썰어 기름 두른 팬에 볶는다.

2 무는 곱게 채썰고, 홍고추는 반으로 갈라 씨를 빼고 채썬다. 미나리는 줄기만 씻어 4cm 길이로 썬다.

3 무채에 고춧가루를 넣고 버무린 후 표고버섯, 미나리, 홍고추, 통깨를 넣고 집간장으로 무친다. 간장으로만 간을 하면 색이 검어지므로 소금을 함께 넣는다.

4 잘 달군 냄비에 양념한 무채를 깔고 그 위에 두부를 얹는다. 냄비가 달궈진 상태에서 무를 넣어야 아삭하다. 무채를 무쳤던 그릇에 물을 두세 숟가락 부어 그 물을 냄비 가장자리에 돌려가며 붓고 뚜껑을 덮어 살짝 끓인다. 무채가 아삭할 정도로 익혀야 맛있다.

## 무전

**무 1개, 밀가루 100g, 소금·포도씨유·초고추장 약간씩**

1 무는 깨끗이 씻어 껍질째 도톰하게 썰어 살짝 찐다.

2 밀가루에 무를 찐 물을 붓고 소금간해 약간 되직하게 반죽한다. 잘 달군 팬에 기름을 두르고 반죽에 적신 무를 노릇노릇하게 구워 초고추장과 함께 낸다.

## 무조림

**무 600g, 다시마(10cm) 1장, 표고버섯 4장, 집간장 4큰술, 고춧가루 1큰술, 들기름 1큰술**

1 무는 큼직하게 썰어 집간장을 부어 절인다. 충분히 절여야 조릴 때 부서지지 않는다.

2 냄비에 무를 넣고 자작하게 물을 부어 끓이다가 끓으면 뚜껑을 열고 고춧가루, 들기름을 넣어 조린다. 반쯤 익으면 큼직하게 썬 다시마, 불린 표고버섯을 넣는다. 은근한 불에서 국물이 거의 없어질 때까지 조린다.

## 선재 스님의 무공해 손맛

너무 푹 찐 무로 전을 부치면 맛이 없습니다. 김이 오른 찜통에 무를 넣고 김이 한 번 났을 때 바로 꺼내는 것이 적당하죠. 또 무전은 다른 전과 달리 밀가루를 미리 묻히지 않고 반죽만 바로 입혀 전을 부쳐야 맛이 있습니다. 단, 전 반죽을 조금 되직하게 만드는 것이 요령입니다. 무전은 초간장을 찍어 먹어도 되지만 초고추장을 곁들여도 좋습니다. 초고추장을 더 맛있게 만들려면 강판에 간 사과에 고추장을 섞고 식성에 맞게 유기농 설탕, 식초를 넣은 후 통깨를 뿌리면 됩니다.

## 선재 스님의 무공해 손맛

고추기름은 집에서 만들어 쓰는 것이 색깔이 더 곱습니다. 스테인리스 스틸 그릇에 고춧가루를 담고 팬에 데운 기름을 부으면 구수한 냄새가 나면서 빨간 기름이 위로 뜹니다. 고춧가루 1큰술에 포도씨유나 들기름 3~4큰술이면 적당하지요. 이를 체에 밭쳐 쓰는데 이때 기름이 덜 끓으면 맛이 없고, 너무 끓으면 타기 쉬우니 주의하세요. 기름을 고춧가루에 조금만 떨어뜨려 보아 구수한 냄새가 나면서 부글부글 끓으면 적당한 온도니 얼른 고춧가루에 붓고 숟가락으로 저어주세요.

# 버섯 잡채

**당면 ½봉지, 표고버섯 8장, 목이버섯 10g, 팽이버섯 1봉지, 오이 ½개, 배추속대 4장, 당근 50g, 피망 1개, 다시마(10cm) 1쪽, 유기농 흑설탕 2큰술, 집간장 1½큰술, 소금·통깨·포도씨유 약간씩**

1 당면은 찬물에 가지런히 담가 충분히 불린 후 먹기 좋은 크기로 자른다. 당면을 물에 삶지 않고 불려서 사용하면 잡채를 만들었을 때 훨씬 쫄깃할 뿐 아니라 윤기도 더 난다.

2 표고버섯과 목이버섯은 각각 물에 불리고, 팽이버섯은 밑동을 잘라 손질한다. 표고버섯 불린 물은 따로 둔다. 오이는 돌려 깎아 채썰고, 배추 속대, 당근, 피망도 오이와 같은 크기로 채썬다.

3 잘 달궈진 팬에 포도씨유를 두르고 뜨거워지면 버섯과 채소를 각각 소금간해 볶는다. 이때 불이 약하거나 소금간을 미리 하면 채소에 물이 생긴다.

4 냄비에 표고버섯 불린 물과 다시마를 넣고, 유기농 흑설탕과 집간장을 넣어 끓인다. 이때 물의 분량은 당면의 양과 같으면 된다. 끓기 시작하면 다시마는 건져내고 당면을 넣고 조린다. 국물이 없어지고 당면에 윤기가 생길 때까지 조려야 오래 두어도 당면이 붇지 않는다. 당면에 미리 볶은 버섯과 채소, 통깨를 넣고 버무린다.

# 버섯 채소 볶음

**표고버섯 16장, 느타리버섯 100g, 양송이버섯 8개, 팽이버섯 1봉지, 오이 ½개, 당근 50g, 양배추 3장, 청·홍피망 1개씩, 풋고추 1개, 애호박 ½개, 고추기름 3큰술, 소금 ½큰술, 집간장 ½큰술, 녹말물·유기농 설탕·식초·참기름·통깨 약간씩**

1 표고버섯은 불려 밑동을 떼어 작은 것은 그대로, 큰 것은 반으로 자른다. 느타리버섯은 끓는 물에 살짝 데쳐 먹기 좋게 찢는다. 양송이버섯은 모양대로 썰고, 팽이버섯은 끝부분을 자른다. 오이, 당근, 양배추, 피망은 가로 2.5cm, 세로 4cm 크기로 썰고 풋고추는 어슷썬다. 애호박은 반달 모양으로 썬다.

2 잘 달군 팬에 고추기름을 넉넉히 붓고 표고버섯을 넣어 볶는다. 구수하게 볶아지면 표고버섯 불린 물을 자작하게 붓고 끓인다. 느타리버섯을 넣고 소금, 집간장으로 약간 짜게 간한다.

3 녹말물을 만들어 ②의 국물이 다시 한번 끓을 때 푼다. 국물이 걸쭉해지면 유기농 설탕, 식초를 조금씩 넣는다.

4 애호박, 양송이버섯, 오이, 당근, 양배추, 피망, 풋고추 순으로 넣고 뒤섞은 후 불을 끄고 팽이버섯과 참기름, 통깨를 넣는다. 녹말물을 넣으면 온도가 올라가 채소가 금세 익으므로 일찍 넣을 필요가 없다.

# 두부 채소 볶음밥

**밥 4공기, 두부 1모, 표고버섯 4장, 당근 50g, 감자 1개, 피망 1개, 오이 ½개, 애호박 ½개, 집간장·소금·포도씨유 약간씩, 양념장(집간장 5큰술, 청·홍 고추 1개씩, 통깨 2큰술, 참기름 2큰술)**

1 두부는 으깨어 면보에 꼭 짠 후 맨 프라이팬에 펴서 노릇하게 볶는다. 양이 반으로 줄 만큼 볶아지면 불을 줄이고 집간장을 조금씩 부으며 좀 더 볶는다. 당근, 감자, 피망, 애호박, 불린 표고버섯은 작은 주사위 모양으로 썬다. 오이는 돌려 깎아 채소 크기로 썬다.

2 포도씨유를 살짝 두른 팬에 색이 푸르고 연한 것부터 각각 따로 볶는다. 호박, 오이, 피망, 당근, 감자, 표고버섯 순으로 볶으면 된다. 완두콩을 넣을 경우엔 감자와 함께 볶는다. 대부분 채소는 센불에서 잠깐 볶는데 감자는 약한불에서 오래 볶아야 하는 점이 다르다.

3 팬에 감자와 표고버섯, 밥을 넣고 볶다가 나머지 채소와 두부를 넣고 섞는다. 양념장과 함께 낸다.

# 두부 장아찌

**두부 2모, 포도씨유 약간, 집간장 1컵, 다시마(10cm) 1장, 물 ½컵**

1 장아찌용 두부는 딱딱한 것이 좋다. 잘 달군 팬에 포도씨유를 두르고 1cm 두께로 자른 두부를 굽는다. 이때 너무 바싹 굽지 말고 노릇노릇할 정도로 굽고, 소금 간은 하지 않는다. 두부가 식으면 가로 세로 1cm 크기로 썬다. 식기 전에 썰면 모양이 예쁘게 나지 않는다.

2 집간장에 다시마와 물을 넣고 끓으면 다시마는 건지고 간장은 식힌다. 두부에 간장을 부어 먹는다.

### 선재 스님의 무공해 손맛

선방에서 아침 공양인 죽과 함께 오르는 반찬이 두부 장아찌지요. 절에서는 두부가 남으면 노릇노릇하게 구워 잘게 잘라 집간장에 둥둥 띄웠다가 몇 년 후까지 먹기도 하는데, 조금만 먹어도 입맛이 확 돌 정도로 굉장히 짜지요. 대흥사에서는 두부를 으깨서 망에 넣은 후 된장에 박아두고 먹는답니다.

# 두부 튀김 조림

**두부 1모, 소금 약간, 녹말 ½컵, 포도씨유 약간, 청·홍 피망 ½개씩, 집간장 1큰술·고추장 1큰술, 조청 2큰술, 통깨·참기름 약간씩**

**1** 두부는 딱딱한 것으로 골라 가로 세로 2cm 크기로 썬다. 소금을 뿌려 물기를 뺀 후 녹말을 묻혀 포도씨유에 두 번 튀긴다. 녹말에 미리 굴리면 녹말이 두부에 딱 붙어버리므로 튀기기 직전에 녹말을 묻힌다.

**2** 피망은 잘게 다진다. 냄비에 집간장, 고추장, 조청을 넣고 한 번 끓어오르면 튀긴 두부를 넣고 버무린다. 불이 세면 양념이 타므로 팬을 가끔 들어주면서 섞는다. 불 위에서 피망을 넣으면 아삭한 맛이 사라지므로 불을 끄고 통깨, 참기름, 다진 피망을 넣어 섞는다.

# 삼색 생두부 무침

**두부 2모, 감자 2개, 무청 100g, 비트 ½개, 김 5장, 흑임자·통깨·소금·참기름 약간씩**

**1** 두부는 단단한 것으로 골라 칼의 옆면으로 곱게 으깬다. 제대로 으깨지지 않으면 간이 잘 배지 않는다. 으깬 두부를 면보에 싸서 물기를 꼭 짜고, 남은 두부물은 김치찌개에 넣어 먹는다.

**2** 무청은 곱게 다져 소금을 살짝 뿌려 절여 물기를 뺀다. 무청 대신 열무나 깻잎을 써도 된다. 비트는 껍질을 벗겨 채썬 후 다시 곱게 다진다. 비트는 미리 다져 놓으면 색도 변하고 영양가도 떨어지므로 무치기 직전에 다진다. 김은 불에 구워 부순다.

**3** 감자는 껍질째 삶아 체에 내려 완전히 식힌다. 으깬 두부와 섞어 소금, 참기름 간해 버무린다. 완전히 식은 후에 버무려야 쉬 상하지 않는다.

**4** ③을 셋으로 나눠 각각 무청, 비트, 김을 넣어 반죽한다. 김과 버무릴 때는 흑임자와 소금을 약간 넣고, 깻잎과 버무릴 때는 통깨를 넣는다.

**5** 반죽을 경단처럼 동그랗게 빚어 접시에 낸다. 기름에 한 번 튀겨 양념장에 조려 먹어도 된다. 반죽이 남으면 냉장고에 넣어 보관한다.

### 불가의 먹을거리 지혜

두부는 중국에서 전래되어 임진왜란 때 일본에 전해진 식품입니다. 사찰에서는 두부와 함께 배추, 무를 일컬어 '삼보양생(三寶養生) 식품'이라고 합니다. 불(佛), 법(法), 승(僧)인 삼보를 두루 이롭게 할 만큼 영양가가 풍부한 먹을거리라는 뜻이겠지요. 두부는 무른 데다 소화흡수가 좋을 뿐 아니라 '절의 고기'라고 할 만큼 단백질이 풍부하기 때문에 예로부터 단백질 부족에 시달리기 쉬운 스님들이나 채식주의자들이 영양적으로 가장 의존해온 식품이기도 합니다.

## 무말랭이 고춧잎 장아찌

**무말랭이 1kg, 고춧잎 100g, 물 ½컵, 집간장 1컵, 조청 4컵, 고춧가루 2컵, 통깨 약간**

**1** 무는 길이 4cm, 굵기 1cm 크기로 썰어 채반에 널어 고루 바싹 말린다. 고춧잎은 연하고 부드러운 걸로 골라 깨끗이 씻어 끓는 물에 소금을 넣고 데쳐서 채반에 널어 바싹 말린다.

**2** 말린 무와 고춧잎은 재빨리 씻어 소쿠리에 건져 그릇째 부드럽게 불린다. 냄비에 물, 집간장, 조청을 넣고 끓으면 불을 끄고 식힌다. 고춧가루, 통깨, 무말랭이, 고춧잎을 넣어 무친다.

## 무말랭이 무침

**무말랭이 500g, 물 ½컵, 집간장 ½컵, 조청 2컵, 유기농 설탕 3큰술, 고춧가루 1컵, 통깨 약간**

**1** 무말랭이는 재빨리 씻어 소쿠리에 건져 물기를 뺀 다음 뒤적여주면서 남은 물기로 부드러워질 때까지 불린다. 가는 무말랭이의 경우 소쿠리에 건져 30분 정도만 있으면 부드럽게 된다. 물에 담가두면 맛도 없을 뿐더러 물이 겉돌아 상하기 쉽다.

**2** 냄비에 물, 집간장, 조청을 넣고 끓으면 불을 끄고 식힌다. 완전히 식었을 때 고춧가루를 넣고 섞은 후 무말랭이, 유기농 설탕, 통깨를 넣어 무친다. 무말랭이가 불어나기 때문에 국물이 자작해야 먹을 때 적당하다.

## 무말랭이 볶음

**무말랭이(가는 채) 200g, 들기름 2큰술, 포도씨유 2큰술, 집간장 1큰술, 조청 1큰술, 흑임자 약간**

무말랭이는 물에 씻어 소쿠리에 건져 30분 정도 두어 부드럽게 한 다음 팬에 들기름과 포도씨유를 반반씩 넉넉히 두르고 무말랭이를 넣어 볶는다. 집간장으로 간하고 조청을 넣어 젓가락으로 헤쳐주면서 국물이 남지 않을 때까지 볶아 불을 끈다. 한김 나가면 흑임자를 뿌려 상에 낸다.

## 선재 스님의 무공해 손맛

무말랭이는 가을무를 말려서 만들어야 맛있습니다. 무말랭이 장아찌에는 두 가지가 있습니다. 무말랭이와 말린 고춧잎에 끓여서 식힌 간장을 부어 담그는 간장 장아찌와 고춧가루를 넣은 찹쌀풀에 버무려 담는 골곰짠지가 그것이지요. 무말랭이를 볶거나 무칠 때 많은 분들이 부드러워질 때까지 물에 담그는 경우가 많은데 이럴 경우 무의 단맛이 빠져나와 제 맛이 나지 않습니다. 그보다는 깨끗이 씻은 무말랭이를 소쿠리에 건져 남은 물기로 불리는 것이 좋습니다.

불가의 먹을거리 지혜

출가한 후 첫 번째 맞은 어느 겨울날이었습니다. 꽁꽁 얼어붙은 손으로 밭에서 무를 캐고 있는데 마침 어머니가 오셨습니다. 일을 하는 제 모습을 보고 어머니는 눈물을 흘리셨고, 어느새 손에 들고 있던 무가 땅에 떨어져 추위 속에 얼고 있었습니다. 말없이 보시던 큰스님은 언 무를 잘라 채반에 널어 말리셨고, 꾸들꾸들하게 마르자 갖은양념에 재워 구워주셨습니다. 언 무를 버리지 않고 맛있는 음식을 해주시던 큰스님에 대한 기억 때문에 저는 요즘도 언 무 구이를 즐겨 먹습니다.

# 언 무 구이

**언 무(또는 바람 든 무) 1개, 들기름 약간, 구이 양념(고추장 2큰술, 집간장 1큰술, 들기름 $\frac{1}{2}$큰술, 올리브오일 $\frac{1}{2}$큰술, 조청 1큰술, 현미쌀눈 가루 1큰술)**

1 언 무는 깨끗이 씻어 둥글둥글하게 썰어 말린다. 말린 무는 물에 씻어 소쿠리에 건져 부드럽게 불린다.

2 구이 양념을 만들어 불려놓은 무에 넣고 조물조물 무친다. 어느 정도 양념이 배면 들기름을 두른 팬에 넣고 볶듯이 굽는다.

# 시래기 고추장 볶음

**시래기 200g, 들기름 약간, 볶음 양념(고추장 4큰술, 들기름 1큰술, 통깨 1큰술, 조청 1큰술)**

1 시래기는 삶아 부드러워지면 물에 서너 시간 불려 냄새를 없앤 후 껍질을 벗겨 길게 찢는다.

2 볶음 양념을 만들어 시래기에 넣고 조물조물 무친다. 간이 배면 들기름을 두른 팬에 넣고 볶는다. 한꺼번에 많은 양을 넣지 말고 적당히 덜어 굽듯이 볶는다.

# 시래기 재피국

**시래기 100g, 재피가루 2작은술, 풋고추 1개, 된장 4큰술, 들기름 1큰술, 표고버섯 가루 3큰술, 다시마 국물 3컵**

1 삶아서 불린 시래기는 껍질을 벗겨 적당한 크기로 썬다. 여기에 다진 풋고추, 된장, 들기름, 표고버섯 가루를 넣고 조물조물 무친다.

2 냄비에 시래기를 넣고 볶다가 다시마 국물을 조금 부어 끓인다. 어느 정도 끓으면 남은 국물을 부어 푹 끓인다. 마지막으로 재피가루를 넣고 불을 끈다.

## 다시마 절임

**다시마 500g, 단촛물(감식초 2컵, 유기농 황설탕 1컵, 물 1컵)**

다시마는 먹기 좋은 크기로 잘라 단촛물에 적셔 찜통에 찐다. 1시간쯤 쪄서 식히고, 다시 단촛물에 적셨다가 찐다. 쪄낸 다시마가 식으면 부드럽고 쫄깃쫄깃해지는데 다시마에 새콤달콤한 맛이 잘 스며들도록 적어도 세 번 이상 쪄내야 한다. 많이 찔수록 부드럽다.

## 다시마 조림

**다시마(국물 내고 난 것 20cm) 1장, 집간장 ½큰술, 조청 1큰술**

찌개나 국의 국물을 내고 건진 다시마는 곱게 채썬다. 냄비에 다시마와 집간장, 조청을 넣어 조린다.

### 음식이 약이다 | 다시마

사찰음식의 재료 중 빼놓을 수 없는 것이 다시마이다. 다시마에는 무엇보다 갑상선 호르몬의 분비에 필수불가결한 옥소가 많이 들어 있는데, 옥소는 신체의 신진대사를 활발하게 하고, 동맥경화나 고혈압을 예방하는 역할을 한다. 그래서 두껍고 질이 좋은 다시마를 잘게 썰어 컵에 넣고 찬물을 부어놓았다가 마시면 혈압이 잘 내려간다고 한다. 최근에는 이 옥소가 유방암, 자궁암, 난소암 등의 부인과 암이나 위암, 대장암 등의 예방과 치료에 효과가 있다고 해 주목을 받고 있다.

# 마른 고춧잎 튀김 조림

**마른 고춧잎 100g, 포도씨유 약간, 조림장(고추장 2큰술, 집간장 ½큰술, 조청 2큰술)**

1 마른 고춧잎은 잡티를 골라내고 깨끗이 손질한다. 잘 달군 팬에 포도씨유를 넉넉히 두르고 뜨거워지면 손질한 마른 고춧잎을 넣어 볶는다.

2 다른 냄비에 조림장 재료를 넣어 살짝 끓인 후 볶은 고춧잎을 넣어 골고루 버무린다.

# 찻잎 볶음

**작설차 잎 50g, 고추장 2큰술, 조청 1큰술, 참기름 1작은술, 통깨 1작은술, 포도씨유 약간**

1 우리고 난 작설차 잎은 말려둔다. 팬에 포도씨유를 넉넉히 두르고 말린 작설차 잎을 넣고 바삭하게 볶는다.

2 팬에 고추장, 조청을 넣고 끓이다가 작설차 잎 볶은 것을 넣고 무친다. 불을 끈 후 참기름과 통깨를 넣어 잘 섞는다.

# 열무 된장 볶음

**열무 200g, 볶음 양념(된장 4큰술, 들기름 1큰술, 표고버섯 가루 1큰술, 현미쌀눈 가루 1큰술), 홍고추 1개, 들기름·다시마 국물·재피가루 약간씩**

1 열무는 누런 잎을 떼고 살짝 삶아 물기를 대충 짠 후 된장, 들기름, 표고버섯 가루, 현미쌀눈 가루를 넣고 조물조물 무친다. 홍고추는 어슷썬다.

2 시간이 지나 간이 배면 팬에 들기름을 조금 두르고 열무를 넣어 볶는다. 자글자글 끓을 때까지 두면 물이 생기는데 봄 열무는 물이 많이 생기지만 가을 열무는 물이 부족하므로 다시마 국물을 조금 더해준다. 어슷썬 홍고추를 넣어 열무의 파란 기가 없어질 때까지 볶다가 마지막으로 재피가루를 넣는다.

## 버섯전골

**생표고버섯 6장, 느타리버섯 150g, 양송이버섯 100g, 팽이버섯 2봉지, 배춧잎 2장, 피망 1개, 홍고추 1개, 콩나물 200g, 말린 호박 30g, 양념장(고추장 2큰술, 된장 1큰술, 들기름 1큰술), 다시마 국물 3컵**

1 생표고버섯은 먹기 좋은 크기로 썰고, 느타리버섯은 손으로 찢는다. 양송이버섯은 모양대로 썰고, 팽이버섯은 끝을 잘라내고 손으로 찢는다. 배춧잎, 피망, 홍고추는 채썬다. 말린 호박은 물에 씻었다 건져 양념장을 섞어 골고루 버무린다.

2 전골 냄비에 손질한 콩나물을 깔고 준비한 재료를 보기 좋게 돌려 담은 후 가운데 말린 호박 무친 것을 얹어 다시마 국물을 붓고 끓인다.

## 단호박 깻잎 튀김

**깻잎 10장, 미삼 50g, 단호박 1/4개, 대추 8개, 밤 8개, 밀가루 1컵, 소금 약간, 포도씨유 적당량**

1 깻잎과 미삼은 깨끗이 씻어 물기를 닦는다. 대추는 돌려 깎아 씨를 빼 채썰고, 밤은 껍질을 벗겨 채썬다.

2 단호박은 찜통에서 쪄서 속만 으깬 후 채썬 대추, 채썬 밤과 섞는다.

3 밀가루에 소금을 조금 넣고 찬물 또는 얼음물을 넣어 걸쭉하게 반죽하여 튀김옷을 만든다.

4 깻잎에 ②의 단호박 반죽을 적당히 넣고 미삼을 가운데 놓은 다음 돌돌 말아 튀김옷을 입힌다. 170℃ 기름에 넣고 노릇노릇하게 튀긴 다음 반으로 썰어 채반에 놓아 기름을 뺀 후 접시에 담는다. 튀김을 키친타월에 올려두면 축축해지므로 반드시 채반에 놓는다.

# 표고버섯 만두

**만두피 반죽(밀가루 $1\frac{1}{2}$컵, 소금 1작은술, 따뜻한 물 5큰술), 표고버섯 3장, 애호박 200g, 풋고추 4개, 배추 200g, 무 200g, 소금·통깨·참기름·집간장·포도씨유 약간씩, 초간장(집간장 2큰술, 식초 1큰술, 물 1큰술)**

1 표고버섯은 물에 씻었다가 불려 곱게 다져 집간장, 참기름을 넣고 조물조물 무쳐 기름을 두른 팬에서 볶는다. 애호박은 굵게 다지고 소금을 뿌려 손으로 몇 번 뒤적이다 물기를 짠 후 기름 두른 팬에 소금간해 볶는다. 풋고추도 다져서 볶는다.

2 밀가루에 소금간하고 따뜻한 물을 조금씩 부어 반죽한 후 냉장고에 30분간 넣어둔다. 꺼내어 다시 치댄 후 반죽을 조금씩 떼어 밀대로 밀어 만두피를 만든다.

3 배추는 끓는 물에 데쳐 곱게 다진 후 물기를 꼭 짠다. 무는 반으로 갈라 숟가락으로 긁은 후 물기를 꼭 짜서 곱게 다진다. 무와 배추는 각각 소금, 통깨, 참기름 넣고 조물조물 무친다. 여기에 ①을 섞어 소를 만든다. 만두피에 준비한 소를 넣어 예쁘게 빚는다.

4 김이 오른 찜통에 젖은 베보를 깔고 만두를 찐다. 속은 다 익었으므로 살짝만 찐다. 초간장을 함께 낸다.

### 선재 스님의 무공해 손맛

국수와 함께 스님들이 별미로 즐기시는 음식이 바로 만두입니다. 만두 소를 만들 때는 각각의 재료마다 따로 양념을 해야 간이 골고루 배어 맛이 좋습니다. 또 애호박을 볶을 때는 구수한 냄새가 날 때까지 볶아야 맛이 좋지요. 너무 익히거나 어설프게 익히면 맛도 없거니와 색도 예쁘게 나지 않는답니다.

# 표고버섯 밑동 조림

**표고버섯 밑동 50g, 들기름 2큰술, 집간장 $1\frac{1}{2}$큰술, 조청 2큰술, 통깨 $\frac{1}{2}$큰술**

1 표고버섯 밑동은 물에 씻어 하룻밤 불린 후 압력솥에서 푹 삶는다. 딱딱한 끝부분은 자르고 잘게 찢는다.

2 팬에 들기름을 넉넉히 두르고 달궈지면 밑동을 넣어 볶다가 물을 자작하게 붓고 좀 더 끓인 후 집간장, 조청을 넣고 조린다. 통깨를 얹어 낸다.

### 선재 스님의 무공해 손맛

사찰음식에 가장 많이 쓰이는 재료 중의 하나가 표고버섯입니다. 버섯 잡채나 전골 등 음식을 만들 때는 갓만 쓰지만 그렇다고 밑동을 버리지는 않습니다. 밑동은 밑동대로 따로 모아서 말리는데 여러모로 쓸모가 많습니다. 표고버섯 밑동을 불렸다가 분쇄기에 갈아 호박, 배추 다진 것과 함께 소를 만들어 만두를 빚으면 담백하고 깔끔한 맛이 나지요. 물론 된장찌개에 넣기도 하고요. 표고버섯 밑동이 부드럽게 불려지지 않거나, 좀 오래 두고 먹고 싶을 때는 자잘하게 찢은 밑동을 들기름에 볶다가 조리는 대신, 손질한 밑동에 자작할 정도의 물을 붓고 끓인 후 집간장, 조청을 넣고 조리면 됩니다.

# 녹두죽

**쌀 1컵, 녹두 2컵, 소금 약간**

**1** 쌀은 씻어 물에 2시간 이상 충분히 불린 후 소쿠리에 건져 물기를 뺀다. 녹두는 일어 씻어서 10배 정도의 물을 붓고 1시간 이상 푹 무를 때까지 삶은 후 물을 부어가며 체에 걸러 체에 남은 껍질은 버리고 거른 것은 그대로 두어 앙금은 가라앉힌다.

**2** 냄비에 웃물만 따라 붓고 불린 쌀을 넣어 나무 주걱으로 가끔 저으면서 끓인다. 한 번 끓어오르면 불을 약하게 줄여 쌀알이 완전히 퍼질 때까지 서서히 끓인다. 쌀알이 완전히 퍼지면 녹두 앙금을 넣어서 잘 어우러지게 끓인다. 불에서 내려 한김 식힌 후에 소금으로 간한다. 팥죽처럼 새알심을 빚어 넣거나 인절미를 잘게 썰어 넣어도 된다.

# 은행죽

**현미찹쌀 1컵, 물 8컵, 은행 1/2컵, 소금 약간**

현미찹쌀은 씻어 2시간 이상 충분히 불린 후 물을 붓고 푹 끓인다. 은행은 마른 팬에 볶아 껍질을 벗기고 다진다. 죽이 퍼지면 은행을 넣고 소금으로 간한다.

### 불가의 먹을거리 지혜

큰 절에는 반드시 은행나무가 있습니다. 불사의 하나로 요사채를 짓듯 은행나무를 심기 때문이지요. 은행은 '공손수(公孫樹)'라는 이름에서 알 수 있듯 할아버지가 심어 손자 대에 열매가 열리고, 해를 거듭할수록 많은 열매가 맺히는 장수식물입니다. 은행에는 단백질, 비타민A 외에 감에 필적할 만큼의 비타민C가 들어 있습니다. 예부터 스님들 중에는 고된 수행의 결과 결핵에 걸리는 분들이 많았는데 이때 치료약으로 쓰인 것이 은행입니다. 구운 은행에 참기름을 자작하게 붓고 밀봉 했다가 1백 일 후부터 하루 5알씩 1백 일을 먹으면 됩니다.

# 약과

**밀가루(박력분) 3컵, 참기름 2큰술, 소금 1/2작은술, 흰후춧가루·계핏가루 약간씩, 꿀 3큰술, 생강즙 1큰술, 청주 2큰술, 집청용 시럽(유기농 설탕 1컵, 물 1컵), 포도씨유·잣가루 약간씩**

1 냄비에 유기농 설탕과 물을 넣고 분량이 반이 될 때까지 졸여 집청용 시럽을 만든다.

2 밀가루에 참기름, 소금, 흰후춧가루, 계핏가루를 넣고 손으로 고루 비빈 후 체에 몇 번 내린다. 여기에 꿀, 생강즙, 청주를 넣어 뭉치듯이 가볍게 반죽한다.

3 약과판에 기름을 바르고 반죽을 떼어 엄지로 꾹꾹 눌러 박은 후 기름이 잘 스며들도록 대꼬챙이로 뒷면에 6군데 구멍을 낸다. 100℃ 기름에 넣고 튀기기 시작해 150℃에서 모양을 고정시킨 후 건져 기름을 뺀다.

4 집청용 시럽에 담갔다 건져 잣가루를 뿌린다.

### 불가의 먹을거리 지혜

불교와 한과는 매우 밀접한 관계입니다. 불교가 이 땅에 들어오면서 연등회, 팔관회 등의 행사를 위한 의례음식으로 차와 병과류가 발달했기 때문이지요. 이런 전통은 오늘날까지도 이어져 행사 때마다 부처님 전에 한과로 공양을 올리고, 제사 때에는 차담이라 하여 차와 같이 어울리는 한과를 곁들여 손님을 대접하는 것이 사찰음식문화의 한 가지가 되었답니다.

# 산자와 강정

**찹쌀가루 10컵, 불린 콩 2컵, 물 2컵, 청주 3큰술, 유기농 설탕 3큰술, 녹말 약간, 집청용 시럽(유기농 설탕 1컵, 물 1컵), 고물(흰깨·흑임자·쌀튀밥·잣가루·청태가루·송화가루·계핏가루·쑥가루·대추 등 적당량)**

1 찹쌀은 깨끗이 씻어 한두 주 동안 단지에 그대로 담가 골마지가 피도록 둔다. 여러 번 씻어 말끔히 헹궈 가루로 빻아 고운 체에 내린다.

2 불린 콩에 물을 붓고 갈아 콩물을 만들고 여기에 청주와 유기농 설탕, ①의 찹쌀가루를 함께 섞어 반죽한다. 찜통에 젖은 베보를 깔고 반죽을 올려 찐 후 방망이로 꽈리가 일도록 젓는다.

3 넓은 도마에 찹쌀가루나 녹말을 뿌리고 반죽을 쏟아 방망이로 5mm 두께로 밀어 약간 굳으면 산자는 가로 세로 4cm, 강정은 가로 1cm 세로 3cm 크기로 썰어 표면이 마른 것 같으면서 조금 녹녹할 정도로 말린다.

4 저온의 기름(80℃)에 산자와 강정을 넣어 불렸다가 고온의 기름(100~120℃)에 옮겨 튀겨 모양을 고정시킨 후 건져 기름을 뺀다.

5 튀긴 산자와 강정에 준비한 집청용 시럽이나 조청, 꿀을 바른 다음 고물을 입히고 산자 위에는 대추, 호박씨, 잣, 석이버섯 채 등으로 장식한다.

# 사과 정과

**홍옥 200g, 유기농 설탕 4큰술, 조청 4큰술**

1 사과는 홍옥처럼 색이 선명한 종류로 골라 깨끗이 씻어 껍질째 얇게 썬다.

2 냄비에 유기농 설탕과 조청을 넣고 끓인 다음 불을 끄고 뜨거울 때 얇게 썬 사과를 담근다.

3 건정과를 만들 때는 ②의 정과에 유기농 설탕을 묻혀 한지를 깐 쟁반에 하나씩 펴 널어 꾸덕꾸덕하게 말린다.

# 도라지 정과

**도라지 200g, 조청(또는 꿀 4큰술), 유기농 설탕 4큰술**

1 도라지는 깨끗이 씻어 끓는 물에 삶아 껍질을 벗긴다. 오래 삶으면 부스러지므로 살짝 삶는다.

2 냄비에 조청과 유기농 설탕을 넣고 끓으면 도라지를 넣어 거품을 걷어내면서 서서히 조린다. 너무 자주 젓지 말고, 도라지의 색이 말갛게 될 때까지 조려야 한다.

# 고구마 삼색떡

**고구마 3개, 꿀(또는 조청) 3큰술, 말차 $\frac{1}{4}$컵, 송화가루 $\frac{1}{4}$컵, 비트즙 2큰술 , 흰콩가루 $\frac{1}{4}$컵**

1 고구마는 밤고구마로 골라 찜통에 찐다. 뜨거울 때 굵은 체에 내린 후 꿀이나 조청을 섞어 반죽해 분량을 셋으로 나눈다.

2 고구마 반죽에 각각 말차, 송화가루, 강판에 간 비트즙과 흰콩가루를 넣고 섞어 삼색 반죽을 만든다. 다식판에 찍어 모양을 내거나 색색의 경단을 한데 붙여 모양을 낸다. 나뭇잎 모양의 다식판에 각각의 색깔을 섞어 무늬를 찍어내면 단풍 색깔처럼 아주 곱고 예쁘다.

무청 장아찌
배춧잎 장아찌
양하 장아찌

# 무청 장아찌

**무청(여린 것) 200g, 잣 약간, 물 1컵, 집간장 1컵, 조청 1컵, 고춧가루 3큰술**

1 무청은 여린 것만 골라 깨끗이 씻어 물기를 빼고 2cm 길이로 자른다.

2 냄비에 물, 집간장, 조청을 넣어 끓인 후 식으면 고춧가루를 넣는다. 무청, 잣을 넣어 무친다.

# 배춧잎 장아찌

**배춧잎 10장, 마른 고추 1개, 물 ½컵, 집간장 ½컵, 조청 1컵, 고춧가루 3큰술**

1 김장 담글 때 남은 배춧잎을 씻지 않고 햇볕에 꾸덕꾸덕 말린다. 적당히 마르면 먹기 좋은 크기로 썰어 물에 살짝 씻었다가 건져 물기를 없앤다. 마른 고추는 가위로 둥글게 썬다.

2 냄비에 물, 집간장, 조청을 넣어 끓인 후 식으면 고춧가루를 넣는다. 배춧잎, 마른 고추를 넣어 무친다.

# 양하 장아찌

**양하 1kg, 마른 고추 4개, 물 1컵, 집간장 1컵**

양하와 마른 고추는 깨끗이 씻어 물기를 뺀 다음 물과 집간장을 섞어 붓는다. 사흘 후에 간장만 따라 끓인 후 식으면 다시 붓는다. 적당히 맛이 배면 먹는다.

# 느타리버섯 장아찌

**느타리버섯 1kg, 마른 고추 4개, 집간장 1컵, 물 1컵, 조청 ½컵**

1 느타리버섯은 씻지 말고 햇볕에 말린 후 물에 씻어 건진다. 마른 고추는 가위로 둥글게 썬다.

2 냄비에 집간장, 물, 조청을 붓고 끓이다가 마른 고추를 넣고 끓으면 느타리버섯을 넣어 좀 더 끓인 후 느타리버섯만 건진다.

3 양념장이 식으면 느타리버섯 위에 부어 익힌다.

## 무 고추 장아찌

**고추 1kg, 무 3개, 물 3컵, 집간장 4컵, 유기농 설탕 2컵, 식초 2컵, 청주 ½병**

1 고추는 씻어 끝부분에 이쑤시개로 구멍을 뚫는다. 가운데에 구멍을 뚫지 않으면 먹을 때 국물이 나와 옷을 버리기 쉽다. 물, 집간장을 섞고 유기농 설탕을 넣어 녹인 후 식초를 탄다. 찍어 먹어보아 맛이 있으면 된다.

2 무는 껍질째 씻어 반으로 가른다. 독 밑에 무를 깔고 손질한 고추는 망에 담아 무 위에 얹고 돌로 누른다. 그 위로 간한 간장을 붓고 일주일 후에 따라내 끓인 다음 식혔다가 다시 붓는다. 이때 청주를 함께 붓는다. 날씨가 춥지 않거나 시원한 곳에 보관하기가 어려울 때는 간장을 따라내 끓여 식혔다가 붓기를 반복한다.

## 고춧잎 장아찌

**마른 고춧잎 200g, 마른 고추 1개, 집간장 ½컵, 조청 ½컵, 고춧가루 1큰술**

고춧잎은 씻어 건져 그릇째 살짝 불린다. 마른 고추는 가위로 썬다. 냄비에 집간장, 조청을 넣고 끓였다 식혀 고춧가루를 섞고 마른 고추, 고춧잎을 넣고 버무린다.

## 김 장아찌

**김 20장, 밤 4개, 생강 1톨, 통깨 약간, 집간장 ½컵, 조청 ½컵, 고추장 1큰술**

김은 가로, 세로 3cm 크기로 썬다. 밤과 생강은 껍질을 벗기고 곱게 채썬다. 냄비에 집간장, 조청을 넣고 끓인 후 식으면 고추장, 밤, 생강, 통깨를 넣는다. 김 서너 장에 한 번씩 양념장을 발라 재워놓는다.

고춧잎 장아찌
김 장아찌

겨울

# 동치미

**동치미 무 2단, 생강 2 , 고추씨 $\frac{1}{2}$컵, 청각 50g, 고추 20개, 배 1개, 사과 1개, 굵은 소금·대나무잎 적당량**

1 무는 작고 단단한 것으로 골라 껍질이 다치지 않게 씻어서 소금에 굴려 사흘 동안 절인다. 무청도 살짝 절여 씻어놓는다.

2 생강은 깨끗이 씻어 저민다. 고추씨와 저민 생강을 자루에 담아 독 밑에 넣고 무청, 청각, 고추를 넣는다.

3 소금에 절인 무는 물에 씻어 독에 차곡차곡 넣는다.

4 과일은 통째로 또는, 크게 잘라서 씨부분을 파내고 무 위에 놓는다. ①에서 생긴 소금물에 무 씻은 물을 섞어 상에서 먹는 정도로 간을 해 붓는다. 대나무잎을 덮거나 댓가지를 걸친다.

# 돌산 갓 김치

**돌산 갓 2단, 된장 4큰술, 고춧가루 $\frac{1}{2}$컵, 찹쌀풀(찹쌀 $\frac{1}{2}$컵, 다시마(10cm) 1장, 물 5컵), 굵은 소금 약간**

1 돌산 갓은 다듬어 씻어서 건진다. 돌산 갓은 배추보다 작고, 일반 갓이나 열무보다는 크고 파랗다.

2 냄비에 찹쌀, 물, 다시마를 넣고 풀을 쑨 후 식기 전에 된장을 체에 걸러가며 푼다. 여기에 고춧가루를 넣고 소금으로 간한다.

3 식기 전에 돌산 갓을 찹쌀풀에 적셔 단지에 담는다.

# 총각김치

**총각무 2kg, 굵은 소금 적당량, 좁쌀죽(좁쌀 3큰술, 다시마 (10cm) 1장, 물 1컵), 고춧가루 1컵, 생강즙 6큰술**

1 총각무는 잔털을 떼고 무청 달린 부분의 껍질을 도려내어 깨끗이 씻고 굵은 소금을 고루 뿌려서 절인 후 물에 살짝 헹구어 소쿠리에 건져 물기를 뺀다.

2 냄비에 좁쌀, 다시마, 물을 담아 풀을 쑤어 식힌 다음, 식으면 고춧가루, 생강즙, 소금을 넣고 버무린다.

3 총각무를 ②의 양념한 좁쌀죽에 넣고 고루 버무려 항아리에 차곡차곡 담아 익힌다.

## 별미 김치 담그기

사찰의 김치는 파, 마늘, 젓갈은 일체 넣지 않고 생강과 소금을 기본 양념으로 한다. 소금은 굵은 소금을 쓰며, 찹쌀풀 대신 보리밥, 감자, 호박 삶은 물을 넣기도 하며 젓갈 대신 간장이나 된장으로 맛을 낸다. 늦은 봄까지 먹을 김치에는 소금을 많이 넣고 다른 양념 없이 고춧가루만 조금 넣는다. 무, 배추, 열무 외에 고들빼기, 무청, 갓, 상추대궁, 시금치, 고구마순, 연근, 우엉, 고추 등이 재료로 쓰이며 재피잎이나 재피가루를 넣어 김치를 담그기도 한다.

## 홍시 배추김치

**배추 5통, 무 1개, 홍시 2개, 단감 4개, 붉은 갓 ½단, 생강 1톨, 고춧가루 1컵, 마른 고추 간 것 2컵, 집간장 ⅓큰술, 굵은 소금 적당량 , 찹쌀죽(찹쌀 ½컵, 다시마 10cm 1장, 물 5컵)**

1 겉이 노란 배추는 싱겁다. 겉은 파랗고, 중간은 하얗고, 속은 노란 단단한 배추가 달고 맛있다. 밑동에 칼집을 내고 손으로 반을 가르면 부서지지 않는다.

2 소금과 물을 1:5 비율로 탄 소금물에 배추를 적신 후 줄기 부분에 소금을 뿌린다. 대여섯 시간 뒤 뒤집어 겉잎은 잘 절여지고 속은 약간 덜 절여진 듯하면 씻어서 물기를 뺀다.

3 홍시는 씨를 빼고 으깬다. 단감은 껍질을 벗겨 반으로 갈라놓는다. 붉은 갓은 씻어서 3~4cm 길이로 썬다. 생강은 씻어서 껍질을 벗겨 곱게 다진다.

4 무는 굵게 채썰어 고춧가루만 넣고 버무린다.

5 냄비에 찹쌀, 다시마, 물을 넣고 무르게 죽을 쑨다.

6 찹쌀죽이 식으면 마른 고추 간 것, 홍시 으깬 것, 다진 생강, 집간장, 소금을 넣어 간한다.

7 고춧가루에 절인 무채에 양념한 찹쌀죽을 넣고 골고루 섞는다. 갓을 넣고 다시 버무린다.

8 배춧잎 사이사이에 양념한 속을 조금씩 펴서 넣고 ⅓ 정도 끝부분을 접어 겉잎으로 싼다. 단감을 배추 사이사이에 박아둔다.

재료
과정 3
과정 4
과정 5
과정 6
과정 7
과정 8

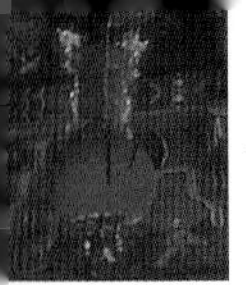

# 약이 되는 천연 조미료, 서른 두 가지

1 **간장** 모든 간은 집간장과 소금으로 맞춘다. 집간장 외에 송이 간장, 재피 간장 등을 만들어 국수나 쌈의 양념장으로 쓴다. 2 **된장** 사찰에서는 된장을 많이 담가 국, 찌개 등에 넣고, 그대로 또는 쪄서 쌈장으로 쓴다. 김치를 담글 때도 된장을 쓰는데 갓김치에 젓갈 대신 넣으면 비리지 않고, 두릅이나 씀바귀 등을 무치면 칼칼하면서 구수하다. 3, 4 **거친 표고버섯 가루·고운 표고버섯 가루** 마른 표고버섯을 빻아 만드는데 된장찌개, 무조림 등 찌개나 조림에 많이 이용한다. 고운 가루는 국에 넣거나 수제비, 칼국수 반죽에 더하기도 한다. 생표고버섯보다 마른 표고버섯이 맛과 영양이 더 뛰어나며 마른 표고버섯보다 가루 낸 것을 한 숟가락 넣는 것이 맛이 더 진하다. 5, 6 **다시마·다시마가루** 적당한 크기로 잘라 밥 지을 때나 찹쌀풀을 쑬 때 한 장씩 넣는다. 다시마 국물은 표고버섯 국물과 함께 국이나 찌개, 국수의 국물을 낼 때 쓴다. 다시마가루는 조림에도 넣고, 차로 마시기도 한다. 7, 8 **들깨·들깨가루** 고구마 줄기나 우

엉, 토란 등 섬유질이 많은 채소는 들기름이나 들깨즙을 넣어 조리해야 소화가 잘된다. 들깨가루는 나물무침이나 국 끓일 때 넣는다. **9 생강가루** 적당한 크기로 썬 생강을 물에 씻어 찜통에 넣고 쪄서 말린 후 가루를 낸다. 생강을 바로 갈아 음식에 넣고 오래 끓이면 쓴 맛이 우러나는 데 반해 말린 가루를 넣으면 맛이 훨씬 산뜻하다. 매작과나 약과 등 한과를 만들 때도 쓰고, 된장찌개에 넣어도 좋다. **10 냉이가루** 말린 냉이를 가루로 빻아 국수나 수제비 반죽에 넣어 색을 낸다. 차로도 마시는데 냉이는 눈을 밝게 하고, 간 기능을 좋게 하는 데 효과가 있다. **11 수수가루** 콩가루처럼 나물에 수수가루를 묻혀 김이 오른 찜통에 넣고 찐 후 다시 갖은양념으로 무치는 데 쓴다. **12, 13, 14 말린 재피잎·말린 재피열매·재피가루** 말린 재피잎은 볶아서 밑반찬으로 먹으며, 말린 재피열매는 껍질만 볶아 가루를 내어 양념으로 쓴다. 된장국을 끓일 때 마지막으로 넣거나 김치 담글 때 파, 마늘 대신 이용한다. **15 송화가루** 예부터 신선이 먹었다는 솔잎의 약성을 그대로 지닌 송화는 꿀에 타 송화 밀수를 해 먹거나 다식을 빚는다. **16 현미쌀눈 가루** 단백질, 비타민, 미네랄 등 영양분이 가득하므로 쌀 위에 얹어 밥을 짓거나 나물 무칠 때 넣는다.

1, 2, 3, 4 **굵은 소금·볶은 소금·굵은 죽염·고운 죽염** 정제염은 다량의 광물질과 미네랄이 파괴된 것이므로 먹지 않는 것이 좋다. 국에 소금간을 하거나 김치를 담글 때는 주로 굵은 소금을 쓴다. 굵은 소금을 볶아서 믹서에 넣고 갈아 쓰기도 하는데 볶다가 식히고, 볶기를 반복한다. 단 소금을 볶을 때는 유해 물질이 많이 나오므로 마스크를 쓰는 것이 좋다. 볶은 소금은 나물 무칠 때 주로 쓴다. 또한 생채소가 갖고 있는 독성을 줄이기 위해서 겉절이에는 죽염을 쓴다. 제철이 아닐 때 비닐 하우스에서 자란 과일은 죽염을 찍어 먹으면 독성을 중화시키는 효과가 있다. 5 **백년초가루** 우유와 맞먹을 정도로 칼슘이 풍부한 백년초에는 노화방지 성분과 장의 찌꺼기를 청소하는 식물 섬유의 함량도 높다. 국수 반죽에 넣으면 고운 보랏빛이 난다. 6 **마른 고추** 김치를 담글 때 고춧가루 대신 통고추나 마른 고추를 믹서에 갈아 넣는다. 잘게 썰어 장아찌에도 넣고, 능이국처럼 국물을 낼 때 통째로 넣어 칼칼한 맛을 내기도 한다. 7 **칡녹말** 연근전 등을 부칠 때 부족한 전분을 밀가루 대신 보충해주는데, 밀가루처럼 몸이 붓는 증상을 예방할 수 있다. 8 **연밥가루** 가슴 두근거림, 불면증, 어지럼증 등이 있을 때 연밥을 말려 가루를 내어 쓴다. 밀가루와 섞어 국수를 만들거나 연밥죽을 쑤어 먹는다.

**9 잣** 믹서에 갈아 즙을 내어 채소나 과일을 무치는 소스를 만들거나 잣 콩국수 등을 만들 때 쓴다. 잣가루는 단자의 고명 등으로 쓰는데 껍질을 벗기고 고깔을 뗀 다음 마른 도마에 종이를 깔고 칼로 다진다. **10 흰깨** 거피한 흰깨의 물기를 빼고 살짝 볶아 김 부각 위를 장식하거나 나물을 깔끔하게 내고 싶을 때 쓴다. **11 흑임자** 색이 검어 씻어서 볶을 때 태워도 잘 모르므로 알이 통통할 정도로 살짝 볶는다. 강정에 고물로 쓰기도 하며, 조림에 뿌리기도 한다. **12 청각** 생으로도 쓰지만, 말린 것을 불려 배추김치나 동치미에 넣는다. 불린 것을 살짝 데쳐 참기름, 간장에 무쳐 나물로도 먹는다. **13 옥수수가루** 옥수수의 주성분은 녹말이므로 야채찜 등 전분이 필요한 요리에 쓴다. 물을 붓고 끓여 수프 같은 죽으로 먹기도 한다. **14 찹쌀가루** 풀을 쑤어 김치 담글 때 쓴다. 찹쌀풀이 김치가 쉬는 것을 어느 정도 막아주고, 속을 고르게 넣을 수 있게 도와준다. 또 풋김치를 담글 때 찹쌀풀에 양념을 넣어 무치면 덜 뒤적거려도 고르게 무쳐져 풋내 나는 것을 방지할 수 있다. **15 말린 방아잎** 가을철에 잎을 말려두었다가 국이나 된장찌개에 넣어 먹는다. **16 마가루** 마에는 녹말과 당분이 많이 들어 있으므로 감자 전분 대용으로 쓴다. 소화가 매우 잘되는 것도 장점. 마가루는 물에 타서 차로도 마신다.

# 찾아보기

# 도움 주신 곳

**장소 협찬** 여주 신륵사, 안성 청룡사

**소품 협찬**

가나 아트 명품관 02-734-1019
가나 아트숍 02-734-1020
가야미 02-591-4251
고성도예 031-885-4162
광주요 02-3446-4850(208)
금호공예 063-636-3104
다. 단 디자인 02-502-0454
DONG AN BANG 02-725-0348
라쉐즈 02-540-5988
MAYO 02-599-2177
바인스 02-533-1846
발리 등공예 02-504-2881
사람과 고물 02-722-2190
서미홈 02-720-5001
세라믹 요 02-548-7371
www.sensasia.net 02-539-1317
신현철 도예 연구소 031-762-2525
예나르 02-739-4300
예당 02-732-5364
예사랑 02-738-6771
우리그릇 려(麗) 02-549-7573
우송도예 031-632-7024
우일요 02-763-2562
은과 나무 02-720-2308
이랑고랑 02-722-5335
작가들의 집 02-3443-0222
전망 좋은 방 02-547-8301
징광옹기 02-722-3409
칠용 031-755-7447
크래프트 스페이스 목금토 02-764-0700
태성(후첸로이터) 02-547-7775
토 아트 스페이스 02-511-3399
토토의 오래된 물건 02-725-1756
한국 공예 문화 진흥원 '점' 02-733-9040
해돋이 02-734-9061
해동도예 031-885-7000
핸드 & 마인드 02-3442-4252
핸드 & 마인드(행복한 세상 점) 02-6678-3183
현대 갤러리 02-734-6111
현대공예 031-635-2114
홍 & 도 02-3444-7892
행주치마 옹기 02-3444-9151

# 참고 문헌

선재 〈불교 복지 증진을 위한 사찰 음식문화 연구〉, 1993
한복려·한복진 「종가집 시어머니 장 담그는 법」, 둥지, 1995
최진호 「선식의 비밀」, 삶과 꿈, 1998
권혁세 「풀이 만병을 이긴다」, 하나로, 1997
한국문화재보호재단 편 「한국음식대관」, 한림출판사, 1999
황혜성·한복려·한복진 「한국의 전통 음식」, 교문사, 1991
아사쿠라 고타로 「불교 건강법」, 태웅출판사, 1994
장준근 「병을 물리치는 산야초」, 석오출판사, 1994
강인희 「한국의 떡과 과즐」, 대한교과서, 1997
김태정 「우리가 정말 알아야 할 우리꽃 백가지」, 현암사, 1990
학림 「그까짓 살 좀 있으면 어때」, 여시아문, 1997
한복진 「우리가 정말 알아야 할 우리 음식 백가지」, 현암사, 1998
김달래 「체질 따라 약이 되는 음식 224」, 경향신문사, 1996
최진규 「약초꾼 최진규의 토종약초장수법」, 태일출판사, 1997

선재 스님의 사찰음식

1판 1쇄 발행 2000년 11월 30일
1판 12쇄 발행 2004년 11월 30일
2판 1쇄 발행 2005년 5월 31일
2판 28쇄 발행 2023년 5월 22일

지은이 선재
사진 최민호
감수 김수경
스타일링 김경미
펴낸이 이영혜
펴낸곳 ㈜디자인하우스

편집장 김선영
홍보마케팅 박화인
영업 문상식, 소은주
제작 정현석, 민나영
미디어사업부문장 김은령

출판등록 1977년 8월 19일 제2-208호
주소 서울시 중구 동호로 272
대표전화 02-2275-6151
영업부직통 02-2263-6900
인스타그램 instagram.com/dh_book
홈페이지 designhouse.co.kr


ISBN 978-89-7041-917-6 03590



디자인하우스는 독자 여러분의 소중한 아이디어와 원고 투고를 기다리고 있습니다.
원고가 있는 분은 dhbooks@design.co.kr로 개요와 기획 의도, 연락처 등을 보내 주세요.